DES FUSIONS

ET

DES GRANDES COMPAGNIES

DE CHEMINS DE FER.

Près de vingt-cinq ans d'études pratiques, au point de vue administratif, sur les Chemins de fer, m'ont donné, peut-être, quelque droit à m'expliquer sur ces matières spéciales. Je le fais ici avec d'autant plus de confiance, que j'ai, pour m'appuyer sur plus d'un point, l'avis conforme d'hommes éminents dont la compétence n'est pas douteuse.

Quant à l'utilité dont peuvent être ces observations, ce qui se passe tous les jours la démontre assez, ce me semble, et jamais, on peut le dire, il ne fut plus opportun de provoquer des solutions auxquelles tient de si près l'ordre public.

Du reste, ayant traité ailleurs, déjà, les questions d'économie publique et sociale que présente la survenance des Chemins de fer, je ne me propose point d'y revenir dans la présente publication, me renfermant au contraire avec soin dans la matière administrative, sans me flatter, assurément, de l'avoir épuisée.

Si quelques passages de cet écrit paraissent trop vifs contre les choses, je passerai volontiers condamnation, pourvu qu'on ne se méprenne pas sur mes motifs, et qu'on n'y voie qu'un excès de zèle pour l'intérêt général. Quant aux personnes, je déclare qu'elles sont, dans mon intention, restées en dehors de toutes mes appréciations, et je désavoue, d'avance, tous rapprochements, toutes allusions qu'on croirait apercevoir à cet égard dans mes paroles.

PARIS. IMPRIMERIE DE L. TINTERLIN ET Ce, RUE NEUVE-DES-BONS-ENFANTS, 3.

DES FUSIONS

ET

DES GRANDES COMPAGNIES

DE CHEMINS DE FER.

PAR JULES MARESCHAL,

ANCIEN DIRECTEUR A LA LISTE CIVILE,

EX-SECRÉTAIRE-GÉNÉRAL, DIRECTEUR ET ADMINISTRATEUR DE DIVERSES COMPAGNIES PROVISOIRES DE CHEMINS DE FER.

PARIS,

GARNIER FRÈRES, LIBRAIRES-ÉDITEURS,

6, RUE DES SAINTS-PÈRES, ET PALAIS-ROYAL, 215.

HECTOR BOSSANGE, LIBRAIRE,

QUAI VOLTAIRE, 25.

1855

ORDRE DES MATIÈRES.

---

au profit des jeunes gens : Abus que n'excuse pas la raison d'économie, car il menace la sûreté des voyageurs. — Autre avantage des Compagnies divises, pour ce qui concerne *le trafic.* — Les grandes Compagnies peuvent laisser, par leur nature, plus à désirer en fait d'égards et de zèle pour le public voyageur ou expéditeur. — Donc, inconvénients réels et graves qui résultent du système des Fusions et des grandes Compagnies. — Il n'est pas certain que le temps et la pratique suffisent pour les faire disparaître.

IV. — Etude des moyens qui restent au ministère pour combattre et annuler les inconvénients de la puissance trop grande des Compagnies de chemins de fer. — Intervention du ministre dans les détails d'organisation et de régime du personnel du service actif. — Droit d'intervention des commissaires ministériels. — Opposition et résistance des Compagnies à cette intervention. — Moyens de faire cesser cette résistance et raisons à l'appui de l'action ministérielle. — Cette action effective et énergique du ministre et de ses agents officiels est la seule garantie préventive du public contre les désastres si fréquents de la locomotion. — Objections contre cette doctrine. — Réponses. — Double sanction acquise au droit du ministre. — Le système des Fusions rend plus épineuse, plus douteuse peut-être, la possibilité d'application des mesures préventives et même des mesures répressives. — Le système des fusions est-il un premier pas du pouvoir vers la reprise de propriété des Chemins de fer? — Il est plutôt un obstacle.

V. — Y aura-t-il encore des compagnies divises, ou bien l'absorption générale de tous les Chemins de fer, y compris les nouvelles lignes à concéder, aura-t-elle lieu, au contraire, au profit des seules grandes Compagnies actuelles? — Nécessité que cette question soit tranchée promptement et nettement. — Inconvénient, pour l'intérêt public, du système d'absorption. — Danger, pour les poursuivants des concessions nouvelles, de l'incertitude sur cette main-mise des grandes Compagnies. — Justice plus que douteuse dans la question d'indemnisation des dépenses légitimes et justifiées. — En tout cas, l'absorption ne fera que donner plus de valeur aux arguments contre l'abus possible de la puissance donnée aux grandes Compagnies.

VI. — Dans le cas d'abus, la répression demandera de la part du ministre une fermeté exceptionnelle pour arriver à leur réforme. — Espoir très grand que la sagesse de direction des grandes Compagnies dispensera le ministère d'en venir à ces extrémités. — Pourtant, nécessité d'examiner l'hypothèse contraire. — En ce cas extrême, le ministre devra pourvoir au nouveau mode d'exploitation des Chemins de fer. — quel serait le caractère de la mesure de retrait des concessions et de reprise de la propriété et direction des lignes ferrées? — Cette mesure serait essentiellement légale. — Elle ne devrait pas reposer sur le principe d'expropriation pour cause d'utilité publique. Ce principe est trop élastique et son application ne peut que gagner à être restreinte dans ses plus étroites limites. — La véritable base de la mesure en question est dans le retour à l'application du principe général en fait de viabilité publique. — Les chemins de fer sont, comme étaient les grandes routes, des dépendances nécessaires du domaine de l'État, et c'est l'État seul qui, dans l'intérêt et pour la sûreté du public, doit les administrer. — Le service de la locomotion offre plus de garanties fait par les employés de l'État que fait par les employés des Compagnies.

VII. — L'ÉTAT PEUT-IL ÊTRE UN BON EXPLOITEUR DES CHEMINS DE FER? — Parallèle entre le négoce exercé par l'industrie privée et le négoce exercé par l'administration publique. — La conciliation est difficile entre ces deux caractères opposés. Elle est possible, pourtant. — Avantage spécial de l'action administrative directe, eu égard à la perfection plus grande de l'ordre comptable. — Il y a des précédents graves et concluants en faveur de l'aptitude de l'administration publique à diriger les grandes exploitations commerciales. — Avantage moral de l'exercice du négoce par l'État. — Au surplus, la direction immédiate des Chemins de fer par l'État peut devenir inévitable. — L'exploitation par une Compagnie fermière ne remédierait, pour ainsi dire, à rien.

VIII. — LE RÉGIME AMÉRICAIN, en fait de direction de Chemins de fer, est-il enviable et possible pour la France? — Évidemment non : les désastres si fréquents auxquels prête l'indépendance absolue de la direction, doivent le faire redouter et écarter. — Même pour l'Amérique, il est désirable, dans l'intérêt de l'ordre public et de l'humanité, que ce régime reçoive d'importantes modifications. — Appel final à la sagesse des grandes Compagnies, en vue de consolider, si possible, l'œuvre des fusions.

IX. — IDÉES SUR L'EXERCICE DE L'INDUSTRIE, EN GÉNÉRAL. — L'industrie, chose excellente en elle-même. — Mais soumise, dans sa pratique, à l'action du bien et du mal. — La bonne et la mauvaise industrie. — Leur caractère réciproque. — Le mouvement industriel normal et louable. — Le mouvement industriel vicieux et haïssable. — Ce que c'est que l'esprit des affaires bien entendu. — Ce que c'est que le mauvais esprit des affaires. — L'industriel tel qu'il doit être. — Vœux et espérances pour la régénération morale de l'industrie et de la spéculation.

NOTES.

A. *Sur les moyens à prendre pour arriver à une bonne composition du personnel actif des Chemins de fer.*

B. *Sur le système comptable des administrations publiques. — Un mot à ce sujet sur l'administration des Hospices.*

C. *Sur le sinistre de Burlington, en Amérique. — Verdict du jury.*

D. *Sur les déviations de l'industrie.*

E. *Sur l'usage des machines. — Nécessité de sa réglementation.*

DES FUSIONS

ET

DES GRANDES COMPAGNIES

DE CHEMINS DE FER.

Plus que jamais la question des Fusions est à l'ordre du jour, beaucoup moins, pourtant, comme discussion de principe que comme fait réalisé, car, chez nous, bien souvent l'un précède l'autre, et telle est notre ardeur du nouveau, ou, si l'on veut, notre zèle pour le progrès, qu'à peine une idée est mise en cours que, vite, on s'empresse de lui donner un corps par l'exécution, bien avant quelquefois qu'elle soit devenue viable par l'examen réfléchi.

Je n'entends pas dire par là que ce qui se fait, chaque jour, dans le monde financier, en matière de fusion des Compagnies, soit fait inconsidérément ; à Dieu ne plaise ! J'accorde trop de bon sens et de lumières aux auteurs de ces grandes combinaisons, pour penser le moins du monde qu'ils agissent en cela sans s'être, au préalable, rendu compte et des motifs et des effets.

Je veux seulement dire qu'il n'en a pas été de ces mesures comme de bien d'autres, sur lesquelles la controverse s'est établie et a dit, en quelque sorte, son dernier mot avant qu'il ait été passé outre à l'application.

La méthode inverse est, sans aucun doute, plus expéditive : elle est ainsi plus en rapport avec nos allures naturelles, et qui sait ? peut-être est-elle, après tout, la meilleure. Il n'est pas sans exemple de voir la discussion publique tellement embrouiller les questions, en prétendant les résoudre, qu'en vérité ce peut être parfois profit pour la raison de prévenir ces écarts de la controverse en coupant court au débat. Oui, mais alors le droit reste à l'opinion de s'emparer du fait après coup pour s'expliquer sur les choses accomplies, lorsqu'elle ne l'a pu faire sur les principes en vertu desquels elles ont passé à l'état pratique.

I. Objections du public contre les Fusions.

Donc, il m'est permis de prendre ici la parole sur cette question des Fusions qui, pour avoir été tranchée, pourrait bien n'être pas encore une question jugée ; et c'est ce que je vais faire en toute indépendance, n'ayant d'intérêt d'aucune nature engagé, ni pour ni contre, dans cette discussion quasi-rétrospective.

Si la réunion de plusieurs Compagnies en une seule n'avait jamais pour but et pour résultat qu'un accru de force, par la concentration, dans une action utile à tous, sans blesser des droits acquis, et qu'une économie réelle de frais dans l'intérêt commun, personne, assurément, n'aurait à contredire, et il faudrait, tout au contraire, complètement approuver.

Peut-on dire que ce soient là, toujours là, et les seuls objets et le net produit de toute Fusion ? Je le veux bien, quant à moi, et pourvu qu'on accepte certaines réserves sur lesquelles je m'expliquerai bientôt, je suis tout disposé à le croire ; mais il y a, il ne faut pas se le dissimuler, des croyances plus rebelles et qui ne se rendent pas de si bonne grâce : il y a des esprits sceptiques, chagrins, qui conservent bien des doutes, qui nourrissent plus d'une velléité de vive critique à cet égard. Il ne tient pas à eux qu'on ne voie dans le système des Fusions, appliqué surtout sur l'échelle grandiose que chacun sait, abus, danger et paralogisme à plus d'un titre. Certaines analogies les frappent et les inquiètent. Les immenses Compagnies industrielles nées de ce système, leur semblent avoir un grand air de famille avec ces établissements-monstres, formés sur divers points de la capitale pour l'exploitation de branches de commerce si multiples et souvent si disparates. Or, il leur semble, quant à ceux-ci, que loin qu'on y puisse signaler la mise en œuvre d'une idée économique utile et judicieuse au point de vue de l'intérêt général, l'on n'y saurait voir, après la satisfaction matérielle donnée à l'incommensurable ardeur de gros profits, au zèle de spéculation à outrance, qui caractérisent si essentiellement notre époque, que le trouble jeté dans le monde commercial par cette sorte de machine pneumatique pompant avidement, au profit d'un seul, l'aliment qui se distribuait précédemment entre le grand nombre. Certes, ils comprennent très bien l'intérêt de l'acheteur à se porter de préférence vers ces débits immenses où le pousse l'appât du bon marché (si tant est qu'une grosse déception ne se cache pas le plus souvent au fond de ce bon marché prétendu) ; mais ils comprennent beaucoup moins que, ni en haut ni en bas, nul ne réfléchisse à la perturbation que cet état de choses doit amener dans l'existence des classes moyennes du commerce : ils s'affligent de voir cette inaction qui laisse au mal le temps de s'invétérer, de prendre des proportions telles qu'il en puisse devenir incurable, et sans se rendre bien compte des moyens à employer pour le prévenir (ce qui ne laisse pas que d'être, en effet, singulièrement délicat et problématique), ils sont instinctivement en révolte secrète contre ce laissé-aller du sens public et cette insouciance si périlleuse, suivant eux, du pouvoir social, beaucoup moins touchés, au reste, des droits de la libre concurrence ou de l'idée de voir une douzaine d'industriels devenir en peu de temps millionnaires, qu'ils ne le sont du spectacle de la détresse croissante d'une foule de détaillants, dont le modeste magasin est chaque jour déserté de plus en plus au profit de ces bazars gigantesques, aux locaux impossibles, à l'approvisionnement fabuleux, aux annonces archi-colossales, qui semblent accuser la petitesse des plus grands journaux et des plus hauts murs de la capitale.

Les critiques dont nous parlons voient dans ces négociants-omnibus exerçant, en vertu d'une seule patente, dix, vingt commerces patentables, une mortelle rivalité pour le petit commerçant, qui, par son gain modique de chaque jour, peut à peine suffire aux besoins de l'existence la plus précaire : ils savent que, d'un côté, l'espèce d'accaparement qui se fait de la marchandise pour garnir ces immenses magasins, crée une difficulté de plus à l'approvisionnement des petits, et que, d'une autre part, afin d'accaparer aussi le chaland, les grands établissements n'hésitent pas à lui donner à prix coûtant et même au-dessous certains articles de menu détail, se résignant à ne rien gagner et, qui plus est, à perdre quelque peu sur ceux-là, sûrs qu'ils sont de se dédommager amplement sur les articles capitaux vendus en même temps au même acheteur; sacrifice impossible pour le petit débitant puisqu'il n'en trouverait pas, lui, l'équivalent.

Il est d'ailleurs pour eux manifeste que ces vastes maisons de débit pouvant, à raison de leur vente journalière de nature quasi universelle, faire des rabais importants sur chaque objet en particulier, sans pour cela que leur profit général cesse d'être considérable, paralysent ainsi la vente du petit commerçant, qui ne peut les suivre dans cette voie d'abaissement des prix sans se ruiner en peu de temps.

Enfin ils n'ignorent pas qu'au nombre des raisons qui permettent aux grands magasins de faire des rabais, est la pression qu'ils exercent sur le confectionneur, lequel, à son tour, et pour n'être pas en reste de zèle pour le plus gros profit possible, impose à l'ouvrier des réductions de salaire qui le mettent le plus fréquemment hors d'état de vivre du produit de son travail, d'où progression de la misère dans les classes laborieuses, excès de gêne chez elles, qui n'a, pour contrepoids, que l'enrichissement subit de quelques gros spéculateurs sur la vente ou la confection.

Du reste, et pour être juste, il faut dire que ce n'est pas là un reproche qui puisse être fait d'une manière exclusive aux hautes ou moyennes classes industrielles par les classes infimes, car celles-ci ne sont pas exemptes de la contagion : l'exemple gagne, et l'on voit fréquemment le simple ouvrier, à peine devenu patron, s'empresser d'imiter, pour son profit personnel, ce qu'il blâmait si amèrement dans son maître : c'est donc une confession réciproque à faire, et ce qui est à souhaiter c'est un amendement mutuel.

Encore si, se disent nos censeurs, ces colossales fortunes magiquement faites, savaient laver la tache de leur origine en se montrant bonnes et protectrices envers la classe souffrante, en lui prêtant aide et secours et en l'assistant dans sa détresse! il y aurait, là, du moins, l'une de ces compensations, à la fois morales et positives, qui se chargent de rétablir quelqu'équilibre entre le bien et le mal dans notre pauvre société, aujourd'hui entraînée fatalement hors de ses voies premières et si loin de son magnifique principe chrétien, providence de tous ceux qui souffrent! Mais, hélas! Ce n'est que par de trop rares exceptions que l'on peut constater ce louable usage des grandes fortunes commerciales ou industrielles de nos jours : l'amour du lucre, qui a été en grande partie leur source, ne s'arrête pas en si beau chemin : plus il acquiert, plus il veut acquérir et surtout conserver. L'âme de bien des riches de cette catégorie, et de trop d'autres encore, est comme une terre éternellement aride et desséchée, qui, toujours altérée de profits, boit sans relâche la pluie d'or arrivant à sa surface, pour en faire, dans ses plus secrètes profondeurs, un incommensurable réservoir dont la capacité est infinie dans ses désirs, et dont les parois semblent se reculer à mesure que l'aliment y abonde : trésor jaloux, avare, qui ne laisse rien échapper de son sein, et au-dessus duquel la misère peut gémir et se désespérer sans que jamais une parcelle s'en échappe pour s'élever vers elle et pour la consoler !

Mais, quittant ces vues morales pour les vues purement économiques et revenant sur les effets de cette réduction successive des prix de vente, de laquelle ils se préoccupent vivement, nos censeurs y découvrent les plus graves dangers pour l'avenir prochain de la fabrication. Il est clair pour eux que le fabricant ne peut suivre le vendeur dans cette voie qu'à deux conditions également fâcheuses, le relâchement sur la qualité de la matière première et la diminution des frais de main-d'œuvre, c'est-à-dire à la charge d'un grave préjudice, à la fois, pour le consommateur et pour l'ouvrier ; pourquoi, à plus d'un, tous ces producteurs ou vendeurs à vil prix qui, beaucoup moins assurément par amour du progrès que par émulation de cupidité, sont venus fondre sur le marché français, semblent une volée d'oiseaux plus ou moins étourdis ou déprédateurs, qui gaspillent l'aliment public et qui, tous, étourneaux ou vautours, dispersent et dévorent dans son germe l'élément le plus précieux de la subsistance des pauvres gens.

Par là, ils arrivent à prendre en grande pitié les idées du jour à l'endroit de ces facilités, qu'aucuns trouvent si merveilleuses, de se procurer les choses de la vie matérielle ainsi que les choses du luxe à bien meilleur compte que précédemment : acheteur et raisonneur, consommateur et économiste, leur semblent légers ou dupes à degré égal.

Étranges aveugles, disent-ils, qui ne voient pas que si cette réduction des prix de vente, causée, précipitée par la folle concurrence, n'a pas bientôt quelque point d'arrêt infranchissable, elle finira par la ruine universelle de la fabrique, après avoir produit, comme déjà elle le fait, sa décadence rapide au point de vue de la qualité des produits ! Pauvres acheteurs, qui ne s'aperçoivent pas que le mauvais usage compense le moindre prix ! Singuliers économistes, qui ne regardent les choses que d'un côté, qui ne comprennent pas que, quand la fabrique peut donner à l'ouvrier un habit à bon marché, c'est presque toujours à la condition de lui réduire sa ration de pain quotidien !

C'est ainsi que, lorsque tant d'esprits restent en extase devant ces signes d'apparent progrès, des observateurs, qui se croient plus sérieux, constatent avec effroi cette baisse rapide des salaires qu'entraîne forcément la baisse des prix de vente, et qui, bientôt, dans la plupart des métiers, ne permettra vraiment plus à l'ouvrier de vivre de son travail. Puis, quand ils considèrent, ensuite, l'énorme contingent que viennent apporter aux autres causes de dégradation des prix de confection les merveilles de la mécanique moderne (1), ils se demandent avec une anxiété trop fondée, comment l'École économiste en vogue, qui, la première, a poussé à ces excès de la production et de la libre concurrence, s'y prendra pour donner du pain aux classes laborieuses, quand elle le leur aura ainsi tout-à-fait ôté de la main. Elle a, il est vrai, sous ce dernier rapport, un aide zélé dans l'École philosophique, qui nous enseigne que la cause finale de l'invention des machines a été de libérer l'homme du travail matériel, afin de lui laisser tout son temps pour se livrer aux études intellectuelles et à la poursuite de l'idée contemplative. Il se peut; mais, pourtant, il est possible aussi, que, pour les masses, ce soit là un gagne-pain qui les tente peu, et que, même avec toute la facilité qu'on veut bien leur ménager de se livrer entièrement à ces exercices de l'intellect en leur ôtant tout travail matériel, elles mettent les philosophes en défaut par une préférence marquée pour ce dernier genre de labeur sur le travail de l'esprit.

Il est vrai encore, pour ne rien négliger des arguments en faveur des Économistes en question, qu'une autre École philosophique, aussi fort à la mode, possède un mot magique à l'aide duquel elle ne doute pas de triompher, sans effort, de toutes les perturbations sociales, le mot, TRANSFORMATION ; ce mot est comme la parole de conjuration de tous les désordres, le secret d'apaisement de toutes les

(1) Les *Machines à coudre*, entr'autres, qui enlèvent, *de planò*, le travail à tout ce qui, à Paris et ailleurs, vit du travail de l'aiguille : les *Machines à composer*, qui peuvent mener à la suppression de tous les compositeurs d'imprimerie, etc., etc. (Voir, au surplus, la note E, hors texte.)

tempêtes; c'est le « *Sésame, ouvre-toi!* » universel. Donc, que des millions de bras restent inoccupés, parce que le courant du travail aura pris une autre direction, et qu'ainsi des milliers de pauvres familles perdent leur moyen séculaire d'existence : « TRANSFORMATION ! (répondent les docteurs de la loi nouvelle) *laissez faire!* » Que devant notre passé, si plein de bonnes et utiles croyances, si fécond en nobles sentiments d'abnégation, en dévouements sublimes envers le prochain ou envers le pays, il s'élève, de nos jours, comme un mur d'athéisme ou d'incrédulité, d'égoïsme étroit, de sécheresse d'âme et de cœur, qui fasse obstacle au retour vers ce passé regrettable : « TRANSFORMATION ! » *oubliez et soumettez-vous.* » Qu'enfin notre triste société semble au point de succomber sous l'effort des causes qui attaquent son bonheur et sa moralité : « TRANSFORMATION ! TRANSFORMATION ! » ne cessera de répéter cette impassible philosophie, tandis que dans son mouvement de reconstitution sociale prétendue, auront péri, peut-être, tous les éléments d'une société possible ! O rares voyants de l'avenir ! O sages des sages ! !

Tels sont, en général, suivant les aristarques dont nous parlons, les abus inséparables du système qui prévaut aujourd'hui ; telle est, à leur sens, la nature pernicieuse, telles sont les inévitables conséquences de la survenance de ces établissements gigantesques qui changent si rapidement le commerce de vente, par lequel vivait la foule des petits marchands, en un vaste monopole, en un corps monstrueux ayant tout au plus quelques têtes, mais accaparant de ses bras nerveux et de ses mains avides tout le suc dont se nourrissait avant lui un peuple tout entier de débitants.

J'ai bien peur qu'ils n'aient raison à beaucoup d'égards, et surtout qu'il n'y ait à cela un remède bien difficile à trouver, plus difficile encore peut-être à appliquer ; cependant la chose vaut grandement la peine d'y penser, car non-seulement elle implique des principes économiques qui touchent au fond même de notre organisation sociale, mais encore elle comporte des dangers de plus d'un genre, sur lesquels le pouvoir directeur ne saurait avoir, de nos jours, les yeux trop ouverts. Toutes les fois qu'une question engage l'existence de masses de citoyens, il y a sagesse, il y a devoir à l'étudier, à la mûrir et à la résoudre.

II. Suite des objections.

Du monopole de vente des marchandises à celui de toute autre exploitation, et surtout au monopole d'entreprises des chemins de fer, la transition ne paraît pas, à nos aristarques, offrir grande difficulté; la liaison des deux questions leur semble se faire d'elle-même, et suivant eux, les différences de causes et d'effets ne sont pas de celles qui repoussent l'analogie de principe.

Ils ne contestent pas, pourtant, que, pour ce qui touche le régime d'association des capitaux, moyen efficace d'aborder de grandes opérations qui, sans cela, seraient impossibles, il ne puisse y avoir, selon la nature plus ou moins rationnelle de l'affaire, utilité réelle à réunir des forces financières isolées pour en former un noyau d'action plus puissante, pourvu que cette action reste dans des termes de modération qui garantissent qu'elle ne deviendra pas nuisible ou offensive.

Ils reconnaissent aussi que, du moins pour ce qui concerne les enrichis que font les Fusions de toute couleur, si fort en vogue par le temps qui court, cette richesse, tout en se concentrant dans un moindre nombre de mains, pèse peu, par sa source, sur les classes infimes; mais, cette double concession faite, ils maintiennent, quant au reste, leur sentiment et leurs critiques.

A leurs yeux, c'est à la fois une fausse doctrine et un fait social malheureux que les concentrations exagérées de puissance administrative opérées par le fait de la plupart des Fusions consommées depuis quelque temps. Rien de bon n'en peut sortir au point de vue de l'intérêt général, et la prime excessive qu'elles donnent aux vanités personnelles ou aux avidités d'argent, ne peut que créer ou entretenir dans la société cette excitation, cette fièvre de désirs qui tournent au détriment de la moralité publique. La modération en toutes choses n'est-elle pas un gage de sagesse et de bon ordre? N'est-ce pas, au contraire, un exemple qui pousse à l'excès, et, sous ce rapport, une semence de mal, que ces exhubérances de pouvoir et d'argent placées comme un point de mire à l'exaltation de toutes les cupidités. Et cela, surtout, dans des temps où les grandes fortunes sont plus que jamais poursuivies en vue des grandes jouissances égoïstes, où la richesse est, avant tout, considérée par tant de gens comme le moyen de lâcher la bride à tous les appétits désordonnés du luxe, des sens, ou de la vanité!

Mais où était, d'ailleurs, la nécessité de donner à la corruption des mœurs publiques, cet élément de plus? Si l'on en excepte ce qui touche aux chemins de fer, la raison d'être des Fusions ne s'aperçoit pas bien clairement et le motif d'utilité se dessine, là, avec si peu de netteté, que beaucoup ont été ainsi amenés à penser (par erreur, sans nul doute, mais erreur rendue excusable par la difficulté de découvrir le motif réel), que l'idée première de cette mesure avait été une vue de pure convoitise personnelle, d'accaparement de pouvoir industriel, liée à la réalisation de combinaisons financières dans lesquelles la partie publique n'avait eu d'intérêt ni direct ni indirect.

Du reste, s'est-on occupé bien sérieusement, lorsqu'ont été fondées ces entreprises titanesques, de pourvoir à la garantie du public contre les imprudences possibles de leur direction, et est-il bien sûr que, de quelques-unes d'entre elles, la trame financière, à force de prêter et de s'étendre au gré de désirs immodérés, ne finira pas par arriver à un tel état de ténuité, qu'alors le moindre choc, le plus petit ébranlement suffirait à la briser, ne laissant plus que des ruines là où se montrait l'apparence fastueuse d'une colossale fortune?

A-t-on pris, d'autre part, en considération le danger réel qui peut, à l'égard de certaines des grandes Compagnies en question, résulter, pour l'ordre public, de l'extension abusive d'une puissance reposant sur un immense personnel organisé presque militairement, et sur la disposition permanente de millions en réserve? N'est-il pas raisonnable d'admettre l'hypothèse où, sinon sans doute par une résistance ouverte, du moins par une action occulte et indirecte mais non moins sûre, ce pouvoir exorbitant, cette sorte d'État dans l'État en viendrait à exercer sur l'autorité ministérielle elle-même une sorte de pression qui pourrait entraver à certains égards sa marche ou ses volontés et qui lui ferait ainsi regretter plus tard de s'être donné cette entrave?

Que si cette crainte reste vaine à l'égard du pouvoir, n'est-elle pas au contraire parfaitement réalisable, à tous moments, en ce qui touche les droits mis en contact avec ceux des grandes Compagnies, et ces colosses administratifs n'ont-ils pas chaque jour, pour ainsi dire, l'occasion de se montrer écrasants pour l'intérêt de plus petits qu'eux? Peut-on répondre qu'ils aient toujours la sagesse ou la générosité de ne pas abuser de leur force? Voyez leur influence s'exerçant tout autour d'eux, dans un rayon presque indéfini, obstruer pour les réclamants toutes les avenues du recours, et une sorte de main-mise amiable habilement établie sur la plupart des organes de la publicité, ne permettre même pas à l'opprimé de porter sa plainte devant l'opinion! Sans aller jusqu'à dire que tout le journalisme est entré dans cette voie contre nature, et en rendant tout hommage à la dignité d'esprit et à la noble indépendance de ceux d'entre ses interprètes militants qui restent fidèles à sa vocation, il est permis de voir, dans cette sorte d'étouffement par le silence, un danger réel pour la défense et le triomphe de bien des droits légitimes lorsqu'ils viennent à se trouver en collision obligée avec les intérêts des grandes Compagnies.

Et puis, ajoutent nos censeurs, où est, après tout, le profit matériel pour le public de ces réunions incessantes de plusieurs Compagnies en une seule? S'il y a pour l'actionnaire économie des frais d'état-major (ce qui, au reste, n'est pas démontré sans réplique), qu'y gagne le client? Non-seulement il n'y gagne rien, mais encore il y perd, car les faits ont prouvé que le désordre naît facilement de la complication trop grande de ces administrations phénoménales qui, pour bien répondre maintenant à leur destination, devraient, comme Briarée aux cent bras et Argus aux cent yeux, voir et agir partout à la fois; par malheur elles sont si loin de cette ubiquité que, souvent, pour n'avoir pu faire à temps ni l'un ni l'autre, de graves manquements au service viennent révéler trop souvent l'erreur fatale qui fut le résultat médiat de cette déplorable expansion de l'action dirigeante.

Et, disent-ils, il en doit être ainsi par une autre cause encore : ce qui entretient le zèle, et surtout le zèle intéressé, le seul à peu près que connaissent aujourd'hui les Compagnies vouées au service du public, c'est la concurrence, c'est le désir de l'emporter sur son compétiteur ou au moins de ne pas lui laisser prendre le pas : alors on est pour le client, toute complaisance, tout exactitude, tout urbanité; mais est-on délivré de la crainte de se voir délaissé pour un autre, bientôt cesse avec elle cette obséquieuse sollicitude : là où commence le monopole l'empressement finit, et l'insouciance pour les aises du public remplace en peu de temps ce zèle qui n'a plus son stimulant premier. C'est là ce qui explique en partie les plaintes qui, déjà, s'élèvent de toutes parts contre le service des grandes Compagnies, plaintes sérieuses, amères, fondées à bien des titres, et l'on ne voit guère à celles-ci, pour s'en défendre, que l'excuse du désordre inévitable créé dans le service par le fait des Fusions (1). C'est, l'on en conviendra, un triste résultat sous le rapport de l'intérêt général et le système fusionnaire a fort à faire pour rétablir sa réputation.

De toutes ces récriminations accumulées, nos modernes Démocrites concluent naturellement à l'anathème sur tout ce qu'ils considèrent comme étant, de près ou de loin, le produit de cette immodération de désirs de richesse ou d'orgueil qui est le caractère propre de notre époque ; surtout contre ce qu'ils appellent ces productions anormales et presque monstrueuses de l'esprit des affaires, non-seulement porté à sa plus haute puissance mais encore s'élançant bien au-delà de toutes les limites permises : contre ces créations innommées qui, entreprenant sur la fortune acquise ou sur l'industrie honnête du prochain, ont pour résultat de jeter le grand nombre hors de ses voies et trop souvent dans la misère, tandis qu'en haut de l'abîme où il est tombé, quelques-uns parmi les habiles, et de ceux-là auxquels il faut à tout prix des millions et encore des millions, auront, par ces spéculations échevelées, trouvé moyen d'accaparer à leur profit toutes les jouissances : créations que le vulgaire contemple et admire, bouche béante, comme un résultat prodigieux de l'intelligence des affaires, comme un signe visible du progrès, tandis qu'examinées, analysées par la raison et la réflexion, elles ne sont guères qu'un retour à l'état barbare en fait d'industrie, que le symptôme alarmant d'une décadence réelle et prochaine, que la survenance morbifique d'une sorte de chancre financier qui finira par ronger le corps social et par l'exténuer pour le profit de quelques-uns, au grand dommage de l'intérêt de tous : créations pompeusement appelées économiques, qui, commençant par l'abus de la liberté de concurrence, finissent par le scandale du monopole, sortes de coalitions qui défient et affrontent la loi en se plaçant audacieusement sous son égide, et qui finiront par réduire l'exploitation de l'industrie de ce noble pays de France à un vaste pachalick, où il n'y aura plus que quelques despotes régnant sur un peuple d'esclaves !

Un autre aperçu qui n'échappe pas à nos critiques émérites, c'est celui de l'institution de cette espèce de féodalité commerciale et industrielle dont l'élément se trouve, à leurs yeux, dans les établissements dont nous nous occupons, et ceci leur fournit une réflexion qui, pour

(1) Les derniers et effroyables sinistres arrivés coup sur coup, ne donnent que trop ou raison ou prétexte à ces plaintes du public.

être un peu forcée sans doute, ne manque pas, du moins, de piquant et d'originalité.

Quoi ! disent-ils, c'est en un temps comme le nôtre, où l'idée démocratique semble travailler plus ou moins toutes les têtes, où tant d'esprits la considèrent comme le criterium obligé de notre société actuelle, et où le pouvoir lui-même paraît, sous plus d'un rapport, sacrifier à ce principe, c'est en ce même temps de notre fièvre sociale qu'on vient nous inoculer le germe d'aristocratie que comporte à si haut point la naissance des grands établissements ou des grandes compagnies? Et ce germe, à peine formé, se développe dans les plus vastes proportions, faisant ainsi preuve de l'appui qu'il trouve dans l'opinion, ou, si l'on veut, dans l'inertie intellectuelle du grand nombre! N'est-ce pas un étrange spectacle, en vérité, que celui que nous donne, là, cet éternellement mobile public de France, tantôt désertant la polémique sérieuse qui le passionna pour se vouer exclusivement au culte des choses futiles; passant, même dans les choses graves, avec la plus merveilleuse facilité, d'une thèse quelconque à la thèse contraire, brûlant demain ce qu'il adore aujourd'hui, adorant aujourd'hui ce qu'il brûlait hier, ayant toujours en réserve même enthousiasme pour l'idée vraie et pour l'idée fausse, et pourtant ne manquant, tant s'en faut, ni d'esprit ni d'intelligence à des degrés très élevés ! Pourrait-on, surtout, assez admirer ici cette inconséquence nationale qui, après avoir détruit violemment et avec des cris de victoire la vieille aristocratie française, cette institution antique, sacrée par les siècles et couronnée d'une auréole de services et de grandeur qui la recommandait à la vénération du pays, vient aujourd'hui en relever pour ainsi dire l'édifice, au profit d'une autre aristocratie, placée, dans l'esprit de tous, si fort au-dessous de sa devancière et si peu en possession du respect public, qu'elle est, de toutes parts, le plastron obligé de toutes les ironies; car, qui n'a, de nos jours, des sarcasmes, plus ou moins piquants ou joyeux, pour l'aristocratie d'argent, pour les hauts barons de l'industrie et pour les talons rouges de la finance?

Aussi, nos aristarques ne placent-ils qu'une foi médiocre dans la vitalité du système des grandes Compagnies, et sont-ils fort disposés à penser qu'il aura bientôt fait son temps, de même que tant d'autres choses dont l'opinion s'est engouée, affolée parmi nous, à certaines époques, et sur le compte desquelles on l'a vue ensuite revenir plus vite encore parfois qu'elle ne s'était précipitée au-devant d'elles.

III. Examen impartial des objections.

Je n'ai garde, je le déclare, de m'assimiler tous ces jugements qu'on peut, à bien des titres, taxer d'humorisme et d'exagération ; mais, pourtant, je ne saurais me dissimuler qu'ils ne manquent pas en tout point de sens et de justesse.

Quoi qu'il en soit, en développant tout à l'heure mon sentiment personnel sur la question, je me détacherai, en grande partie, de ces idées que je viens d'exposer comme simple rapporteur, et m'abstenant, quant à moi, de ces excursions dans le domaine de la morale sociale, en ce qui concerne les grands établissements et les grandes Compagnies en général, je bornerai mon examen, non-seulement à ce qui se rapporte spécialement et exclusivement aux Chemins de fer, mais encore à ce qui touche la matière purement administrative et économique ; heureux si je puis, sans blesser d'honorables susceptibilités, dire et faire bien comprendre ce qu'il y a de vrai dans les griefs allégués sous ce double rapport contre le régime récemment intronisé dans cette importante partie du service public.

Commençons par ce qui concerne le but principal des Fusions.

Évidemment ce but a dû être, de la part du Pouvoir, de rendre plus facile, par la concentration de la direction des lignes ferrées entre un moindre nombre de Compagnies, l'exercice de l'action de contrôle dévolue au gouvernement dans l'intérêt de la sûreté des voyageurs et de la haute police de la circulation.

Il a pu être, aussi, d'amener dans l'intérêt privé des actionnaires, la possibilité d'économies notables dans les frais d'administration de plusieurs lignes, prises séparément, en leur donnant un seul état-major pour elles toutes.

Enfin, le Pouvoir a pu penser que l'administration collective de plusieurs lignes, surtout à l'égard de celles qui se confinent et s'enchaînent plus étroitement, serait un moyen de donner à leur direction plus d'utilité en simplifiant les rouages et en favorisant ainsi des ententes nécessaires.

Sur le premier point, il n'y a, suivant moi, aucun doute que le gouvernement ne soit arrivé au résultat qu'il poursuivait.

L'on ne peut nier, en effet, que la haute surveillance à laquelle sont soumises les Compagnies, ne se trouve mieux, dans son exercice journalier, de rapports avec un seul corps administratif que de rapports avec plusieurs. Elle y gagne simplification et célérité, ce qui, en pareil cas, est synonyme de force et d'efficacité. Supposez, en effet, une mesure d'urgence à appliquer dans un grave intérêt à plusieurs parties d'un même réseau : n'est-il pas manifeste que cette mesure aura chance bien plus certaine d'être exécutée à point, dans le même esprit et sans crainte d'interprétations différentes, si elle est déférée à un seul représentant de l'autorité dirigeante dans les diverses lignes, plutôt que de l'être à plusieurs en même temps? N'est-il pas clair qu'elle sera mieux et plus vite expliquée, si elle est l'objet d'une correspondance unique, que s'il faut qu'elle soit celui d'une correspondance multiple?

Ajoutons qu'une simplification presqu'aussi précieuse se réalise aussi, de cette manière, à l'égard des données à recueillir par le Pouvoir, sur tous les points de direction technique, d'intérêt de la circulation, ou de statistique, qu'il lui importe de connaître et de consigner dans ses archives.

Le second résultat que le Pouvoir s'est, suivant toute apparence, proposé d'atteindre par les Fusions, et qui fait foi de sa sollicitude pour l'intérêt du public actionnaire, ne paraît pas douteux non plus comme but réalisé.

On comprend sans peine qu'un seul corps administratif, même renforcé nécessairement à cause de l'accroissement du travail, doit coûter moins que cinq ou six autres corps séparés. Si, dans la composition des nouveaux conseils d'administration des Compagnies fusionnées, on use largement, on abuse peut-être, de la faculté que laisse le ministre d'étendre le nombre des administrateurs, du moins est-il vrai que ce nombre, même fort exagéré si l'on veut, est loin d'équivaloir à celui des membres des conseils supprimés : d'où, évidemment, première économie.

Mais ce n'est pas là que l'économie est bien sensible. Voici en quoi, surtout, elle est notable.

En dehors du Conseil d'administration, ou, plutôt, sous l'autorité du Conseil d'administration, l'usage presque universellement suivi admet un *Comité d'exécution* composé d'administrateurs chargés du détail journalier du service et obligés à la permanence du travail au chef-lieu de l'administration. Ce comité, composé de plusieurs membres (quelquefois jusqu'à 8), reçoit, comme cela est de toute justice, un émolument spécial à l'année, porté à un chiffre élevé, tandis que les administrateurs simples membres du Conseil, ne reçoivent que des jetons de présence dont, après tout, la dépense est minime.

Or, il est visible que la masse des émoluments de cinq ou six *Comités de direction*, comparée à la somme de la dépense d'un seul comité, fût-il plus nombreux et rétribué plus chèrement, doit offrir une large économie dans les frais de l'administration centrale du réseau fusionné.

Enfin, la Fusion ayant pour résultat de remplacer plusieurs collections d'employés par une seule, pour ce qui concerne le service central et intérieur, il est certain que ce corps unique se réduit à des proportions moindres en quotité d'individus, et par conséquent de traitements, que l'ensemble des administrations multiples qu'il remplace.

Le mesure a donc, sous les divers rapports qui viennent d'être indiqués, évidemment porté ses fruits.

En est-il de même à l'égard du troisième point que se serait proposé le Pouvoir, c'est-à-dire de la pensée d'une utilité plus grande donnée à la direction journalière par la réunion des lignes sous une même autorité ? Ceci n'apparaît pas aussi clairement, il faut le dire : la question semble complexe et la matière est fort controversée. Mon opinion personnelle, sur ce point, incline au doute et presqu'à la négation ; il me faut donc en déduire les motifs, pour que la raison des autres les apprécie et les adopte s'ils sont bons, ou les rejette s'ils sont mauvais.

Ce qu'on peut à bon droit, ce me semble, regretter dans le système des Compagnies divises comparées aux corps fusionnés, c'est cette sorte d'intuition plus facile qui leur était propre des besoins de la direction journalière sur la ligne unique par l'attention plus rapprochée et moins distraite qu'elles lui pouvaient donner ; c'est cette sollicitude plus particularisée, si l'on peut dire, que leur permettait l'objet moins étendu, moins compliqué, de l'exploitation, et ceci est bien grave quand il s'agit de choses touchant de si près à la sûreté, à la vie des citoyens !

C'est là, en effet, un point capital, en matière de locomotion sur chemins de fer, un point sur lequel on ne saurait trop appeler l'attention et du Pouvoir et des Compagnies elles-mêmes. Des indices malheureux sembleraient accréditer cette idée que, même proportion gardée entre les étendues et le nombre des convois, il y a, sur les lignes fusionnées, des accidents plus fréquents et plus graves qu'il n'en arrivait sur les mêmes lignes à l'état divis. Si cela était réel en fait, n'en faudrait-il pas conclure que, pour les administrations nouvelles, la multiplicité incalculable de leurs soins obligés nuit forcément à leur ponctualité, que la nature même de leur service actuel exclut une possibilité d'exactitude efficiente en créant des causes d'embarras, de méprise et de confusion, qu'en un mot, en dépit d'elles-mêmes, elles sont au-dessous de leur tâche?

Dans l'impossibilité actuelle d'un retour au système des Compagnies divises, quel serait à cela le meilleur remède? Où trouvera-t-on, d'une manière qui satisfasse la juste sollicitude de l'administrateur ami du devoir et de l'humanité, le moyen de parer le plus possible, si par malheur on n'y peut réussir complètement, à ces accidents désastreux qui portent le deuil dans les familles et l'épouvante dans le public voyageur? J'ai traité ailleurs (1), avec quelque étendue, ces graves questions, et mon intention n'est pas d'y revenir ici, autrement que par quelques observations sommaires qui rentrent tout naturellement dans mon sujet, et qu'on va trouver un peu plus loin, sans préjudice du contenu en la note A, placée en appendice à la suite du présent écrit.

Surtout, j'ai à cœur de faire bien comprendre que les économies que réaliseraient les Compagnies fusionnées sur le personnel du service actif, soit par réduction du nombre nécessaire, soit par abaissement du salaire proportionné, seraient des économies fatales qui emporteraient une responsabilité terrible, car elles pourraient, suivant les cas, avoir apporté leur triste contingent aux causes des malheurs

(1) DES CHEMINS DE FER AU POINT DE VUE SOCIAL ET CIVILISATEUR (1854), chez L. Hachette et Ce, librairie des Chemins de Fer, 14, rue Pierre-Sarrazin.

nouveaux qu'on aurait à déplorer. Que les chefs des Compagnies y pensent sérieusement: si c'est chose fort satisfaisante, assurément, pour l'intéressé dans l'opération financière, de voir se réaliser des accroissements de dividende ou des hausses d'actions, il y a, il doit y avoir pourtant un intérêt qui domine celui-là, c'est l'intérêt de la sécurité du voyageur: il y a un devoir qui l'emporte de beaucoup sur celui de contenter l'actionnaire, c'est le devoir de sauver le public des dangers dont le menace un service insuffisant.

Il me faut ici dire quelques mots d'une vue administrative qui, déjà propre aux Compagnies divisées, tend à prendre plus d'empire encore sur les Compagnies fusionnées. Bonne à certains égards, cette vue m'a toujours semblé fausse dans son application exagérée, et ses conséquences peuvent devenir un fort adminicule des causes d'accidents de la locomotion. Je veux parler de l'exclusion donnée, pour les emplois de toute espèce, aux hommes qui arrivent à l'âge mûr, au profit des jeunes gens, on pourrait parfois dire des enfants. Que, dans ceux des postes du service actif qui demandent vigueur et prestesse, on donne la préférence aux employés dans toute la fleur de l'âge, pourvu qu'ils aient l'intelligence convenable, je le comprends, et, à coup sûr, c'est agir sagement. Mais que, dans tel des emplois de ce service (et le cadre en est large), qui demande plus encore de prudence et de sens rassis que d'énergie musculaire ou de dextérité, on exclue l'homme mûr en faveur de l'imberbe, c'est là, suivant moi, et je ne suis pas le seul de cet avis, une mauvaise mesure qui peut devenir une grande faute. A Dieu ne plaise que je veuille qu'on interdise aux jeunes gens cette carrière si vaste, qui en a fermé plus d'une autre, et où d'ailleurs ils peuvent prendre de précieux errements d'ordre, de vigilance et de discipline; mais enfin, avec beaucoup de qualités excellentes pour lesquelles je l'ai toujours aimée, la jeunesse a, convenons-en, de grands défauts qui, sans rien avoir assurément d'incurable ou de haïssable, n'en sont pas moins, ici, des causes permanentes de danger: la légèreté, la présomption, l'entraînement au plaisir, et, ne fût-ce que la simple distraction d'esprit, tous attributs ordinaires de cet âge, ce sont là, évidemment, en certains cas et en certains postes du service actif, autant de menaces à la vie du voyageur.

Sans doute, on a les jeunes gens à meilleur compte que les hommes faits et, dans la balance financière, cette considération doit, j'en conviens, peser beaucoup; mais la sûreté du public a bien aussi son poids, et si l'un des plateaux doit être le plus lourd, n'est-ce pas celui-ci? C'est, à tout prendre, une triste économie que celle qui se fait aux dépens de l'humanité, et l'actionnaire lui-même qui, sans nul doute, l'approuve fort dans les comptes-rendus où il voit qu'elle accroît le produit relatif, sera, plus certainement encore, d'un tout autre avis quand il sortira (s'il en sort vivant) d'un wagon brisé par l'inhabileté ou par l'imprudence d'un jeune homme qui faisait son service au rabais. D'ailleurs, l'âge et l'expérience ont aussi leurs droits : il ne faut pas faire de celui auquel le temps et la pratique ont donné le savoir et la prudence, un paria mis au ban de l'administration : cela n'est ni juste ni sage : il ne faut pas qu'éternellement, tout postulant qui n'aura plus trente ans ou moins, entende sortir de la bouche des distributeurs d'emplois dans les chemins de fer, ces paroles, qui sont presque celles que Dante écrit sur la porte de l'enfer, puisqu'elles ôtent toute espérance : « *Vous êtes trop vieux!* » Une telle réponse à l'homme encore dans l'âge du bon service, n'est ni judicieuse ni bienveillante.

Je suis à peu près sûr d'avoir en communauté de pensée intime avec moi, sur ce point, chacun de ceux de MM. les administrateurs qui ont passé, depuis long-temps, la limite du jeune âge et même de l'âge fait : ils ne se croient certainement, et en cela ils ont toute raison, ni moins capables ni moins dignes d'égards, pour n'avoir plus le velouté ou le jais chevelu des jeunes hommes, et les scandaliserait fort qui prétendrait leur faire résigner leurs fonctions en faveur de têtes non grisonnantes ou même non blanchissantes déjà. Pourquoi donc ces Nestor de l'administration ne seraient-ils pas aussi un peu de mon avis à l'égard de ceux de leurs confrères en âge mûr qui, suivant le poste qu'on leur assignerait, et surtout dans les travaux raisonnés de l'administration centrale, pourraient faire, parfois peut-être, d'aussi excellents employés qu'ils sont, eux, excellents administrateurs? Au demeurant, ceux-là ont, de plus encore que ceux-ci, un argument en leur faveur, c'est le besoin de travailler pour vivre, et un peu d'humanité à leur égard ne gâterait rien. Je ne sais, mais il me semble qu'il est permis d'espérer que, ces réflexions et le bon sens du public aidant, il sera désormais apporté du moins quelque tempérament à la doctrine trop absolue de l'exclusion des hommes d'âge de tous emplois administratifs, et que cette coutume, tant soit peu chinoise, sera désormais d'une application moins commune. Je ne doute pas que le service ne s'en ressente avantageusement.

Avant de briser sur ce point, encore un mot de réclamation en faveur de l'humanité : si les directions de chemins de fer favorisent les jeunes gens quant à l'admission, et l'on a vu pourquoi, elles leur font souvent bien payer cette faveur par une surcharge de travaux, dont le principe est dans le même système d'économie, mais dont le fait est désolant pour ceux-ci. Il faut connaître l'intérieur de tous les services qui dépendent d'un chemin de fer, pour savoir bien précisément jusqu'où va, sur ce point, l'exigence de certaines directions. J'ai, à cet égard, des données trop précises pour permettre de dire que je parle à l'aveugle ou à l'étourdie : cela va jusqu'à détruire, par l'excès du travail, la santé des plus vigoureux et à dégoûter du service les plus zélés, et cela sans la compensation, toute légitime pourtant, d'une paye égale au mal, ce qui se conçoit puisque l'économie qui veut qu'on fasse faire par un seul la besogne de deux ou trois, ne veut pas qu'on augmente un salaire insuffisant. Je crois remplir un double devoir en appelant aussi, sur cet abus, l'attention des hauts directeurs des Compagnies : ils feront bien d'aviser, car le découragement est grand parmi leurs employés les plus utiles : J'ai dit.

Pour ce qui touche un autre point fort essentiel aussi, le TRAFIC, on peut supposer qu'il y avait dans la direction des Compagnies divises plus de zèle encore que dans les autres, plus de scrupule envers le public commerçant et expéditeur, plus de soins à lui éviter les embarras et les préjudices qui résultent de l'irrégularité du service des transports.

Ces soins, ce scrupule semblent moins le fait des grandes Compagnies, et la force des choses peut facilement entraîner celles-ci dans d'autres voies : le monopole a l'écorce rude, et il lui est bien difficile de n'être pas quelque peu brutal : il arrive aisément à tout matérialiser, tout réduire à l'intérêt du poids et de la perception ; comme le commerce ne peut se passer de lui, il ne voit guère en celui-ci que son tributaire, et les égards, les déférences envers les personnes, souvent même l'exactitude dans la réception, le chargement et l'arrivée de la marchandise, sont pour lui un hors-d'œuvre puisqu'ils ne se facturent pas. De plus, ainsi que d'ordinaire, le fisc public ne se singularise pas par une exquise urbanité, le fisc privé affiche volontiers ces airs officiels qui lui semblent rehausser son importance, et les bureaux de péage ou de magasinage des chemins de fer ne sont pas tous les jours, convenons-en, des académies de politesse.

Sous le double rapport qui vient d'être indiqué ci-dessus du service des chemins de fer, c'est-à-dire la sûreté des voyageurs et la régularité des transports de marchandises, ce serait une curieuse statistique à consulter que celle où seraient établis, par comparaison, et le nombre des accidents, et le nombre des procès commerciaux, ayant eu lieu dans un même temps donné sur l'une des lignes confiées aux grandes Compagnies actuelles, ou sur une ligne de même étendue et de même trafic encore administrée divisement : j'incline à penser que l'avantage en moins ne serait pas pour la grande Compagnie.

Si les aperçus qui précèdent sont vrais, et très sincèrement je les crois tels, la conséquence qu'il en faut tirer, c'est que, dans ce que le service des chemins de fer a de plus essentiel, le système des grandes Compagnies offre des inconvénients d'une extrême gravité.

Ces inconvénients tiennent-ils à la nature du système, ou ne sont-ils qu'un effet transitoire susceptible de s'atténuer, de s'annuler par le bénéfice du temps et de l'expérience? J'ai peur que le premier terme de la question ne soit le véritable, et que les efforts les plus rationnels et les plus consciencieux n'échouent contre la force de choses qui implique presqu'inévitablement les abus signalés.

Je suis loin d'admettre que, de la part des administrations mêmes de ces grands établissements semi-publics, il n'y ait pas à la fois l'intelligence de ces vices natifs et la très bonne volonté d'y obvier ; car je sais que, dans la généralité des hommes éminents que renferme le personnel de la haute direction des chemins de fer, il existe de nobles, de larges esprits, comprenant, acceptant le devoir social à tous ses points de vue et faisant un digne usage, à tous les titres, de l'autorité presque officielle qui leur est dévolue. Je ne doute donc pas de leur zèle et de leur vigilance à maintenir, autant qu'il est en eux, le bon ordre ; mais, aussi, quelle n'est pas la puissance d'un principe de désordre? La logique du mal est impitoyable ; elle pousse sans cesse à ses dernières limites en dépit de tous les efforts des amis du bien, et il ne se peut véritablement pas, à moins de miracle, que d'un mauvais germe il sorte un bon produit.

IV.
Étude des moyens qui restent au ministère contre les abus.

Quoi qu'il en soit des réflexions qui précèdent, et tout en admettant qu'il peut y avoir danger réel dans le système des Fusions, il faut admettre parallèlement que ce danger a dû frapper, *à priori*, la sagesse du gouvernement, et que sa prévoyance a été au-devant des abus possibles.

Recherchons donc quel peut être, quel est le moyen efficace que le pouvoir tient en réserve pour balancer ce que le système en question peut avoir d'antipathique, sur certains points, au principe de discipline sévère dans le service et de nécessaire déférence envers le public voyageur ou expéditeur.

Quand un chemin de fer est concédé, c'est en vertu d'une loi générale, celle du 15 juillet 1845, qui a modifié la loi du 11 juin 1842, tout en la confirmant dans ses dispositions non abrogées, et c'est aussi sous l'empire d'un règlement général d'administration publique, du 15 novembre 1846, qui statue sur tous les points propres à assurer la police, la sûreté, l'usage et la conservation du Chemin de fer et de ses dépendances, complété par des règlements postérieurs : c'est enfin sous la foi de l'exécution d'un cahier de charges, très soigneusement libellé, qui fait corps avec la loi ou le décret de concession.

Quelle que soit l'omnipotence de direction conférée aux Compagnies, et bien que lois, règlements ou cahiers de chargessoient muets sur tout ce qui touche à l'organisation et au régime du personnel, aussi bien que sur ce qui concerne les rapports journaliers entre le public et les employés, on ne peut dire pourtant que le pouvoir ministériel soit sevré, en tous points, d'un droit quelconque d'intervention dans ces détails si importants. Ils touchent de trop près à l'intérêt du bon ordre et du bon service, pour qu'il n'y ait pas, sur ce chef, un sous-entendu nécessaire qui s'induit de la nature même des choses, l'un de ces droits virtuels qui n'ont pas besoin d'être écrits pour être réels et valides. Evidemment, le ministère, par l'organe de ses représentants légaux, c'est-à-dire de ses ingénieurs du contrôle, ainsi que de ses commissaires et inspecteurs, à divers titres, est autorisé non-seulement à s'enquérir de la manière dont se fait le service dans toutes ses conditions normales, mais encore, et c'est là manifestement la conséquence naturelle, irrécusable de ce droit d'investigation, à exiger des directions de chemins de fer qu'il soit, au besoin, pris des mesures administratives, même de celles qui engagent la finance, afin d'obvier sans retard aux insuffisances ou aux manquements qui auraient été constatés par les agents officiels. Quant à moi, je n'hésite pas à soutenir que, logiquement et légalement, le ministre peut, aux cas dont est question, imposer à toute Compagnie un renforcement de son personnel, soit par le nombre, soit par meilleure condition de service, le tout, bien entendu, comme mesure générale et non pas (à moins d'un cas tout spécial,) comme disposition individuelle. Mais il est évident qu'à l'application cette règle doit rencontrer une résistance qui sera surtout la conséquence des idées et des faits nés du fusionnement.

On doit s'attendre, en effet, à ce que les Compagnies contestent vivement sur ce point et prétendent que cette intervention dans le service est une atteinte à l'indépendance dont le droit résulte pour elles de la responsabilité financière qu'elles assument, celui-là seul, diront-elles, devant rester libre de régler la dépense qui en fournit l'aliment et en supporte le poids. Du reste, le sentiment de leur importance croissante et de la puissance que leur a donnée la Fusion, doit ajouter beaucoup à l'ardeur avec laquelle elles se défendront contre l'immixtion ministérielle.

Mais ici, se posent en argument irrésistible au profit du pouvoir, les droits dont nous parlions tout à l'heure : le droit du public à être bien servi, le droit du gouvernement à y veiller, et à prévenir, par là, ou ces sinistres qui impressionnent si douloureusement le pays, ou même simplement des irrégularités ou vexations qui, par leur continuité, peuvent à la longue gravement mécontenter les populations. J'en conclus que le ministre est bien et dûment saisi de la faculté impérative d'imposer aux Compagnies toute mesure de la nature de celles que j'ai indiquées ci-dessus, si elle lui semble indispensable pour éviter que surviennent, dans le service, des évènements malheureux ou des désordres regrettables.

J'insiste sur la démonstration, non-seulement parce que le point est capital, mais encore parce que c'est chose controversée.

Il est de règle logique, en fait d'argumentation que, pour découvrir par où pèche un raisonnement, il le faut pousser à l'extrême.

Supposons donc que sur une ligne quelconque, il y ait, en effet, une insuffisance du personnel, assez visible, assez palpable pour que l'agent du ministre puisse craindre avec raison qu'il en résulte des entraves pour le bon service ou des dangers pour le voyageur : allons plus loin, admettons que déjà des accidents aient eu lieu par cette cause, et que l'administration tarde à prendre, pour en prévenir le retour, la résolution de donner à son personnel l'extension, la suffisance nécessaire. Faudra-t-il donc attendre qu'un nouveau malheur lui fasse mieux comprendre le besoin de la mesure et décide son action? Ou si le ministre agit, sera-ce donc, uniquement, comme d'usage, par le moyen de procès-verbaux rapportés, suivis d'une longue instruction devant lui, pendant laquelle des accidents nouveaux auront eu tout le temps de survenir? Et n'est-il pas plus conforme à la raison, au bon ordre, même au devoir de l'autorité surveillante, de forcer la main à l'administration de la Compagnie et de l'obliger à s'exécuter sans retard? Il en est de même pour le cas possible où un employé du service actif (de ceux surtout sur lesquels repose immédiatement la sûreté des convois), serait, au su de l'agent ministériel, inhabile ou insuffisant par une cause quelconque, soit inexpérience, soit défaut d'intelligence, soit légèreté procédant de sa jeunesse trop grande, et où pourtant, le motif de bas prix du salaire, ou une faveur mal placée de son administration, le maintiendrait dans son service. Il me paraît clair comme le jour que l'autorité devrait prendre, à l'instant même, tous les moyens propres à écarter cet employé malencontreux. En ces deux cas, comme dans tous leurs analogues, la considération de la sûreté du voyageur doit évidemment l'emporter sur toutes les considérations de règle administrative et hiérarchique, et les droits du ministre ont alors toute la force invincible attachée aux droits qui se puisent dans un principe d'ordre et, pourrais-je dire, de salut public (1).

Autrement et si l'on repousse ces idées, comment, je le demande, pourra-t-on avoir certitude de pourvoir aux redoutables conséquences d'une vicieuse organisation ou composition du personnel? Où sera la garantie due au public contre ces périlleuses défaillances du service? Cette garantie, elle ne peut être certaine que si elle réside dans les moyens préventifs et dans l'action immédiate, spontanée, de l'autorité admi-

(1) Ceci était écrit bien avant le terrible événement de Vaugirard (lignes de la Compagnie des chemins de fer de l'Ouest), qui vient de réaliser cette prévision d'une si cruelle manière. L'instruction judiciaire qui se suit sur cette déplorable affaire m'interdit toute autre observation, à cet égard, quelles que soient mes informations et convictions sur ce point.

nistrative. Hors de là, il n'y a plus, à l'égard des sinistres et de leurs suites fatales, que la répression judiciaire, et, certes, ce que le public attend ce n'est pas tant justice contre les fautes que protection contre les risques.

Je sais bien que cette doctrine est avouée dans son principe, au moins en grande partie, par les bons esprits du ministère, mais je sais aussi qu'ils reculent devant sa conséquence. S'ils reconnaissent le droit ils en redoutent presque la complète application, et ne croient devoir en porter l'exercice que jusqu'au conseil, et, tout au plus, jusqu'à l'injonction, pensant que le pouvoir ne peut aller plus loin sans faire acte d'immixtion dans les affaires de la Compagnie, ce qui ne leur paraît ni légal ni prudent. Que cela soit, en beaucoup de cas, raisonnable et judicieux, je ne le conteste nullement ; que ce soit sage à l'égard de tous, c'est ce qui m'est moins démontré. S'il y a urgence, si le péril en la demeure est constant, à quoi servira l'ordre d'agir, l'action ne le suivant pas? Et si, alors, le retard enfante un sinistre, l'autorité elle-même n'encourt-elle pas le risque qu'on en fasse retomber sur elle la responsabilité morale? En telle situation le temps est tout, la minute est l'arbitre, l'action doit être rapide presque comme l'éclair électrique qui transmet les paroles, et si à un tel service on a la malheureuse pensée d'appliquer la rigueur et le compassement des formes bureaucratiques, c'en est fait de toute sécurité pour le voyageur.

La vraie et inévitable conséquence de ceci, ce serait que, par délégation permanente du ministre, l'ingénieur du contrôle ou l'agent de surveillance eussent toujours, suivant les cas et lorsque la nécessité absolue leur en serait démontrée, la faculté d'agir par eux-mêmes et spontanément, à titre provisoire, sauf à rendre compte immédiatement au ministre de leurs motifs. Il y a plus, le contrôle du personnel du service actif devrait être soumis au ministre, et ce personnel lui-même devrait être sujet à des revues et inspections périodiques.

Je connais tels défenseurs de la prérogative des Compagnies exploitantes que fera bondir cette déduction, et qui la considéreront comme hérésie administrative au premier chef. On ne me prendra pour rien moins que pour un séïde ministériel : je serai accusé de vouloir confisquer la liberté au profit de l'absolutisme administratif. Comme je pense que ce reproche porterait à faux, je n'y suis sensible que très faiblement. Je me crois, tout autant que personne, l'ami de la liberté : seulement, je ne me mets pas à genoux devant les mots, et celui-là, pas plus que les autres, n'a mes adorations aveugles. En fait de liberté je suis surtout éclectique : je distingue et je choisis : je suis pour la liberté qui sait vivre avec le bon ordre, je ne suis pas pour la liberté qui le tue. Le vrai nom de celle-ci, je le sais trop bien pour m'y tromper, c'est la licence, c'est l'anarchie, et jamais je ne serai pour elles. Que si, entre deux despotismes, il fallait absolument faire un choix, j'aimerais mieux encore, je le confesse, celui de la partie publique que celui des intérêts privés, le pire de tous : l'un offre, à mes yeux, beaucoup plus de garanties que l'autre, et je crois fermement la sécurité du public encore mieux placée dans les mains du pouvoir que dans celle de quelque Compagnie industrielle ou financière que ce puisse être. D'ailleurs, si l'on conserve des doutes sur le droit du ministre, si l'on redoute l'illégalité, qui empêche d'y pourvoir par une nouvelle disposition législative ou réglementaire? Il y a là, ce me semble, un immense intérêt public engagé qui ne permet pas l'hésitation. Au surplus, me bornant ici à ces explications vis-à-vis de mes adversaires en cette doctrine, je laisse au public le soin de prononcer sur elle. En tous cas, son énoncé n'aurait d'autre résultat que celui d'appeler l'attention sur ce point et de rendre les Compagnies plus circonspectes par la crainte de voir goûtées, acceptées par l'opinion et par le ministère, les idées ci-dessus émises, que cela suffirait pour que je n'eusse point à regretter d'être entré dans ces développements.

Au demeurant, s'il est vrai que les droits du ministre, quant à ce, reposent sur un principe non écrit, ils ont, du moins, une sanction écrite ; cette sanction, c'est la faculté de retirer aux Compagnies l'administration de la ligne, avec sa propriété, par le rachat de la concession, faculté qui, par des motifs dont le gouvernement reste essentiellement juge, peut toujours être exercée par lui, à partir de l'expiration de la quinzième année de jouissance de la concession.

Cette sanction n'est pas la seule : il y en a une seconde tout aussi légale assurément ; mais celle-là, qui est le retrait pur et simple de la concession, est si rigoureuse, qu'il n'est pas douteux que le gouvernement répugnerait fort à en user, même contre des fautes très graves de service, son application semblant devoir se circonscrire dans les cas de contravention manifeste à la lettre du contrat. Il y a des précédents en ce sens : il n'y en a pas dans le sens de la première hypothèse.

De ce que, déjà, il a été usé de ce remède extrême, doit-on conclure que la ressource en soit certaine, infaillible pour l'avenir?

Je l'ai dit et c'est avec ma persuasion celle de bien d'autres, le régime des fusions a créé comme un état de choses nouveau qui semble avoir modifié essentiellement, contre l'attente du pouvoir lui-même, la situation telle que l'avait faite le régime des Compagnies divises et qui tend à faire surgir, dans la pratique, des obstacles réels à l'accomplissement des mesures préventives contre les écarts de service ou même d'inexécution d'engagements contractuels que se permettraient (si d'ailleurs cela paraissait supposable) les grandes Compagnies Fusionnaires.

Voici, au reste, l'objection très franchement, très nettement, comme très judicieusement formulée, dans un document qui émane d'un personnage distingué ayant tout droit d'intervenir dans la question, à raison de l'expérience personnelle qu'il a été en position d'acquérir sur ces matières.

« ..... L'omnipotence des Compagnies est un grand danger : la Fu-
» sion les a rendues trop puissantes : le contrôle de l'État est bien plus
» facile avec des lignes partiellement exploitées, parce que l'action de
» la surveillance ministérielle ne rencontre pas, dans ce système, des
» agglomérations d'influence et de capitaux qui exercent une vive pres-
» sion sur la solution des affaires... Le contrepoids le plus efficace que
» les grandes Compagnies eussent à redouter, c'était la publicité indé-
» pendante de la presse... A son défaut, les Chambres de commerce
» semblent essayer de leur tenir tête, mais elles ne se dissimulent pas
» les difficultés de leur tâche... Une seule grande chance reste, c'est que
» très probablement les grandes Compagnies risqueront de se perdre
» dans l'opinion en abusant trop de leurs priviléges... »

On le voit, le bon fruit des Fusions n'est pas visible pour tout le monde, et, de l'avis d'hommes compétents, l'autorité du ministère pourrait bien finir par se trouver fâcheusement engagée vis-à-vis des Fusions dans des luttes où elle risquerait de ne pas avoir le dernier mot : je n'oserais, quant à moi, pousser si loin la prévision ; mais ce qu'on peut entrevoir très facilement, c'est qu'il y a là un germe d'antagonisme dont le développement peut devenir très regrettable.

Cette situation ne pouvait pas ne pas frapper l'attention des hommes graves et pleins d'expérience qui dirigent ou exercent le contrôle et la haute surveillance des Chemins de fer; mais, pensant voir une limite légale tracée à leur action dans les règlements existants, ils ont sagement cherché à suppléer à ce qu'elle pouvait avoir d'insuffisant, quant à la faculté d'agir, par un redoublement de zèle à conseiller. C'est en ce sens que les plus avancés d'entre eux ont compris leur mission, et il faut dire que, si cette manière de la remplir en complique pour eux la difficulté déjà très grande, elle a, du moins, porté quelque bon fruit, la méthode conciliatoire par eux employée ayant prévenu beaucoup de conflits fâcheux.

Il faut faire en partie honneur de ce résultat à un excellent écrit publié, il y a tout à l'heure deux ans, sur cette matière spéciale, par l'un des honorables commissaires de surveillance administrative institués par le ministère des travaux publics, M. Victor Nancy, qu'ont fait connaître déjà des écrits précédents très remarquables par leur esprit d'observation et leur utilité réelle. Ce dernier ouvrage, publié sous le titre de COMMISSAIRES DE SURVEILLANCE ADMINISTRATIVE, etc., est un véritable Manuel pour l'exercice de ces délicates fonctions, et les règles qu'il établit, toutes fondées sur la législation existante, les instructions dont il les accompagne, les faits et précédents qu'il constate, ont dû, certainement, aplanir bien des difficultés, de même que les dispositions toutes conciliatoires qu'il préconise dans la pratique de la surveillance, n'ont pu manquer de donner aux rapports entre les Compagnies et les agents ministériels ce liant et cette facilité qui sont si nécessaires pour le bien du service.

Cependant, peut-être ne faudrait-il pas fouiller bien avant dans l'esprit de M. Victor Nancy pour y découvrir quelques regrets de l'impuissance, en certains cas, où se trouvent les hommes du contrôle ou de la surveillance ministérielle d'exercer une action assez étendue pour qu'elle soit efficace. Je ne dis pas que cela aille, en M. Victor Nancy, jusqu'à professer ou appuyer la doctrine que je développais tout à l'heure, mais je me crois autorisé, du moins, à en conclure, qu'à son avis aussi, le mode actuel d'intervention du ministère demanderait à être en quelque sorte avivé pour devenir une garantie complète, et l'opinion d'un si excellent esprit me paraît d'un trop grand poids pour que je ne m'empresse pas de m'en emparer au profit de ma thèse.

Toute cette discussion que je viens d'aborder m'amène à relever ce que je crois être une grosse erreur de l'opinion. Elle a cru apercevoir dans la mise en œuvre du système des Fusions, la pensée secrète, de la part du pouvoir, de préparer les voies à une absorption ultérieure par l'État de l'exploitation de toutes les lignes de chemins de fer en France, la facilité paraissant d'autant plus grande que le nombre des Compagnies à exproprier serait moindre.

Il ne me paraît guère probable que telle ait pu être la pensée du pouvoir ; car, alors, il eût, à mon avis, marché en sens inverse de celui qui pouvait le mener à son but : l'obstacle, en effet, ne serait pas dans le nombre des Compagnies, il serait dans le poids dont elles pèsent, et il me paraît manifeste qu'il faudrait s'attendre à une résistance infiniment plus vive et plus efficace de la part d'une association de grandes influences et de capitaux puissants, semblables à celles dont les Fusions offrent le type, que de la part de celles bien moins fortement constituées qui existaient antérieurement. Cette résistance serait invincible peut-être, à moins de supposer dans le ministre l'un de ces caractères d'une énergie exceptionnelle qui savent briser quand ils ne peuvent faire plier.

V.
Y aura-t-il encore des Compagnies divises?

Laissant là un moment cet aperçu, auquel je reviendrai bientôt sous un autre point de vue, il me faut traiter en passant une question qui se présente dans l'ordre d'idées qui nous occupe, c'est-à-dire en nous considérant comme soumis pour long-temps à l'empire du principe des Fusions. Cette question, je ne puis, il est vrai, que l'effleurer, manquant des données de fait nécessaires pour la résoudre ; mais son examen, même sommaire et incomplet, peut avoir de l'utilité.

On se demande souvent, dans le monde industriel des chemins de fer, avec un intérêt qui n'est pas un simple intérêt de curiosité, quelle est la portée précise, quel sera le caractère final des Fusions : leur monopole sera-t-il absolu ? Sera-t-il relatif et limité ? En d'autres termes, les grandes Compagnies actuellement existantes devront-elles se contenter, ou à peu près, du lot qui leur est présentement dévolu, ou bien sont-elles appelées à absorber, en plus, les lignes nouvelles, en si grand nombre, qui, tant grandes que petites, restent à concessionner pour compléter le réseau général ?

L'on ne saurait que former des conjectures sur ce point, car aucune notion semi-officielle, ou même simplement officieuse, ne peut mettre sur la voie des intentions du gouvernement.

C'est une raison de plus, disent bon nombre de personnes, pour désirer vivement que l'opinion soit mise à même de se fixer à cet égard d'une manière nette et précise. Cette connaissance arrivant au public préviendrait bien des fausses mesures. Elle serait d'ailleurs une justice et un acquit de conscience, de la part du pouvoir, envers une foule d'hommes de réelle valeur morale et intellectuelle et de position sociale recommandable, qui se livrent encore aux affaires nouvelles de chemins de fer dans l'idée que la poursuite des concessions privatives n'a pas cessé d'avoir un caractère sérieux ; à partir du moment où il deviendrait constant pour eux qu'ils ne poursuivent plus qu'une chimère et qu'ils trouveront incessamment en face d'eux une force, soit ouverte, soit occulte, contre laquelle ils ne sauraient lutter avec espoir de succès, il est bien clair qu'ils se garderaient de toute démarche ultérieure.

Qu'ainsi donc, ajoute-t-on, il soit bien entendu que les concessions à faire, à partir de ce moment, sont exclusivement, et par privilége spécial, réservées aux seules grandes Compagnies actuelles ; qu'elles sont désormais, à l'égard de ces nouveaux seigneurs suzerains de la France des chemins de fer, comme affaires-liges relevant essentiellement de leur fief administratif et financier et desquelles nul dès lors ne peut approcher sans félonie ; que tout cela soit, une fois pour toutes, bien déclaré, bien convenu : à la bonne heure ! tous, du moins, sauront à quoi s'en tenir, et pourront prendre leur parti en toute connaissance de cause.

A la vérité, observe-t-on encore, de là il pourra bien résulter que des localités importantes, que des contrées tout entières, attendront des années avant de pouvoir jouir comme les autres du nouveau mode de viabilité. Il se pourra qu'à leur vif mécontentement se joigne souvent celui du pouvoir lui-même, entravé aussi dans l'accomplissement de son légitime désir du bien général par la force d'inertie des Compagnies et par l'effet moratoire de cette sorte de dédain d'affaires nouvelles qui tient à la puissance satisfaite ; mais, enfin, l'on sera rentré dans le vrai, personne n'aura plus à subir de déceptions, et des hommes honorables cesseront d'être exposés au grave préjudice, presqu'à l'humiliation d'une poursuite ardue et coûteuse qui ne peut, sans qu'il leur soit donné de le prévoir, amener de résultat, et d'un travail onéreux à tous les titres, d'avance et à leur insu condamné à l'impuissance!

Et que ceux-là qui seraient tentés, nonobstant, de courir l'aventure, se tiennent pour bien avertis que le préjudice ne saurait être racheté, compensé par quoi que ce fût. Si, concurrents d'une simple individualité, ils se trouvaient, ensuite d'un travail utile au succès de la concession (tel que de bonnes études graphiques, de laborieuses recherches statistiques, une longue instruction administrative ayant abouti à l'approbation du tout), déboutés néanmoins au profit d'un rival plus heureux, ils pourraient, assurément, espérer que, par inspiration de conscience ou par sentiment de pudeur, celui-ci consentît à les indemniser; mais, vis-à-vis d'une Compagnie, et surtout d'une Compagnie puissante, un tel espoir serait vain. Là, les choses se passent tout autrement : le fait d'association, qui a de bonnes conséquences, en a aussi de mauvaises; il dénature fâcheusement beaucoup de choses. Tel sentiment, qui aurait quelque honte de se montrer à nu dans la personne individuelle, se sent beaucoup plus à l'aise en se cachant derrière la collectivité; c'est ce qui fait qu'on ne doit qu'une foi très médiocre à la stricte équité des corps délibérants ; car, chez eux, la véritable raison de décider est bien souvent dominée par des considérations tout en dehors de la question, et une cour de cassation spéciale pour les arrêtés de conseils d'administration des Compagnies financières ou industrielles aurait fort à faire, vraiment. Ce qui, au demeurant, n'empêche pas que leurs membres ne soient, certes, tous gens d'honneur et que chacun d'eux ne vive fort en paix avec sa conscience. Il semble, en effet, que personne ne soit responsable quand la responsabilité porte sur tout le monde; elle se rejette, avec une merveilleuse facilité, de l'un à l'autre, et il n'est pas très rare qu'après un avis pris à la grande majorité, une majorité plus grande encore se défende d'y avoir concouru. Ceci n'est pas de la peinture de fantaisie, ce n'est pas de la médisance, c'est de l'histoire. On conçoit comment, ainsi mis à l'aise par la nature même des choses, un conseil d'administration n'éprouve pas un invincible scrupule à repousser même la plus équitable prétention, et comment, dès lors, à moins de faire intervenir l'autorité des tribunaux, il faut renoncer à l'espoir d'en obtenir justice.

Voilà ce qu'on dit à peu près de toutes parts dans le monde industriel, et il faut reconnaître qu'il y a, dans ce langage, des choses fort raisonnables. Faisons donc des vœux pour que la question des Compagnies divises pour l'avenir soit tranchée promptement, de manière à ne plus laisser place à ces fâcheuses perplexités.

Remarquons ici, au surplus, que si c'est en effet l'absorption universelle dont nous parlons qui est la fin nécessaire du système des Fusions, on n'en doit que mieux comprendre la force des arguments qui s'appuient sur l'abus possible de la puissance des grandes Compagnies, car cette puissance se trouverait par là démesurément accrue.

VI. Question de la reprise des concessions par l'État.

Revenant actuellement à notre thèse principale, soit la recherche des moyens d'obvier aux gravités de ces abus, nous pouvons conclure de ce qui a été précédemment dit, que le plus rationnel et le plus praticable de ces moyens réside dans le droit d'intervention et d'immixtion que donne au ministre le principe d'ordre public. Avec une volonté ferme et suivie de sa part, il y a là un élément de prédominance de la règle sur toutes les influences illégales qui pourraient tenter d'entreprendre contre son autorité et de faire dévier les grandes Compagnies de leurs voies normales de dépendance obligée à beaucoup d'égards.

Ici, je me hâte de dire qu'en énonçant cette dernière idée, je ne fais que céder à la rigueur logique, et que s'il me faut admettre, pour un moment, cette supposition de tendances abusives de la part des grandes Compagnies, je crois fermement, d'autre part, qu'il suffira aux hommes d'expérience et de bon conseil qui les dirigent que le danger leur soit signalé pour qu'ils s'appliquent à le conjurer : ils sont trop sages pour ne pas songer que, presqu'en toutes choses, chaque action a sa réaction, et que le courant qui pousse aujourd'hui aux Fusions, pourrait, quelque grave raison survenant, faire en bien peu de temps retour sur lui-même, emportant, bien loin de nous, dans son contre-courant, et l'idée fusionnaire et la prépondérance des Compagnies fusionnées. Je ne doute donc pas que les chefs de ces Compagnies ne s'appliquent à prévenir, par une bonne direction morale, tout déchirement dans le régime auquel elles doivent leur création et leur existence.

Pourtant, et comme pour qu'une démonstration soit complète et concluante, il faut examiner toutes les hypothèses, même les plus gratuites que comporte la question à résoudre, je suppose qu'en dépit de mes propres convictions, l'état de choses qui ne se présente, quant à présent, que dans un avenir des plus nébuleux et dans un lointain tout microscopique, devienne cependant, un jour, demain, l'actualité : je suppose que, fatigué des luttes, révolté des abus, le gouvernement en arrive à la nécessité de modifier essentiellement le régime qui aurait si mal répondu à son attente.

Cette modification devra-t-elle être radicale, ou admettra-t-elle un système mixte? c'est-à-dire le gouvernement, en faisant rentrer par rachat ou retrait des concessions la propriété de toutes les lignes dans les mains de l'État, prendra-t-il le parti de les administrer directement; ou bien ce pouvoir de direction s'exercera-t-il sous une nouvelle forme de délégation, affranchie des entraves ou des dangers de la précédente?

C'est là, sans nul doute, une question complexe, grosse de difficultés et digne du plus sérieux examen.

Certes, je ne me flatte pas d'en trouver, d'en donner la meilleure solution : je ne puis, la cherchant en toute bonne foi, que l'indiquer telle que je la comprends, et je n'entends présenter ici mes idées autrement que comme simple étude sur la matière, pouvant tout au plus servir d'éléments pour sa discussion future, si jamais la question doit être agitée.

Avant tout, je crois devoir m'expliquer nettement, quant au caractère de la grande mesure gouvernementale qui aurait pour but de saisir l'État de la propriété des chemins de fer concédés, avant l'expiration du terme des concessions, ou plutôt du temps avant lequel ne peut être exercée contractuellement la faculté de rachat, puisqu'après ce temps expiré, la rentrée en possession est écrite dans les chartes de concession, qu'elle qu'en doive être la durée.

Je n'hésite pas à dire qu'il faudrait, le cas échéant, admettre la parfaite légalité de cette mesure, bien loin de s'élever, ainsi que beaucoup sembleraient disposés à le faire, contre la prétention du Pouvoir, et de crier à la spoliation, à l'usurpation, voire même au communisme.

Une fois, bien entendu, la légitimité des sujets de plainte établie sans réplique, une fois toute satisfaction donnée aux intérêts d'argent engagés dans chaque ligne, je ne pourrais voir, dans l'appréhension de l'État, que l'exercice très régulier, très légitime, d'un droit incontestable et sans désharmonie aucune avec les principes conservateurs avoués de tous.

Cette opinion a, je le sens, besoin d'être appuyée par le raisonnement : aussi vais-je y mettre tous mes soins.

Je n'aurai garde de prendre pour base unique de cette thèse le principe d'expropriation pour cause d'utilité publique : ce n'est pas que j'en méconnaisse l'autorité, mais il faut convenir que, par sa nature, il est véritablement d'une inquiétante élasticité. Son usage peu réservé ferait aboutir sans grande peine à dépouiller à vif les citoyens et à leur enlever jusqu'à la dernière de leurs propriétés : il y a eu surtout des exemples frappants du danger de la délégation de ce pouvoir aux Compagnies, et l'on cite des faits vraiment incroyables de l'arbitraire avec lequel certaines d'entre elles ont procédé en quelques circonstances. Il est fâcheux que le gouvernement ne puisse, en retenant toujours la poursuite des expropriations, éviter le grave inconvénient des sujets de plainte que peuvent donner ainsi les excès de pouvoir de quelques tyranneaux industriels ou financiers. Le respect de la propriété, qui est la base première d'une société durable et paisible, exige qu'on soit d'une grande sobriété dans l'emploi du moyen en question. Que ce principe, salutaire en certains cas, équivoque en certains autres, périlleux dans quelques-uns, soit donc laissé prudemment en réserve pour les rares occasions où le véritable intérêt public est engagé, afin qu'on ne coure pas le risque d'en faire, même innocemment, un instrument de spoliation : qu'il en soit presque de lui comme il en était de l'arche sainte, qu'on ne découvrait que dans les cas où le salut de la nation était en état d'imminent péril.

J'ai, pour appuyer ma démonstration, un autre moyen que je considère comme assez puissant, à lui tout seul, pour la rendre palpable, et c'est uniquement à lui que je vais avoir recours.

A mon sens, ce qui se passe de nos jours, en matière de chemins de fer en France, ce n'est pas l'application d'un principe général, c'est, tout au rebours, la pratique de son exception.

La règle, ce serait que, de même que, naguères, les grandes routes étaient administrées par l'État, de même les chemins de fer, qui en sont, à tant d'égards, les remplaçants obligés, fussent placés exclusivement dans ses mains quant à leur direction effective. Il est certain, en effet, qu'au moins pour ce qui concerne la locomotion individuelle, là, seulement, est la situation normale. Un intérêt aussi public que celui de la libre circulation, un soin tel que celui de la facilité, de la sécurité du voyage pour chaque citoyen, ne devrait, semble-t-il, être remis qu'à la partie publique, ne saurait être placé que sous la sauvegarde de la sollicitude officielle.

J'admets sans difficulté que la condition du voyage s'est profondément modifiée depuis l'emploi des voies nouvelles, et qu'aujourd'hui, par la nature même du mode de locomotion, il s'est formé un lien étroit, nécessaire, entre la grande route et l'instrument mobile de cette locomotion. Qu'ainsi là où, jadis, le voyageur était libre de se servir de l'un sans avoir recours à l'autre, il lui faut aujourd'hui accepter, à la fois et indivisiblement, l'un et l'autre. Mais, comme évidemment le véhicule n'est, après tout, qu'un mode du voyage, un accessoire par conséquent, et qu'il ne se peut que l'accessoire domine le principal, lequel est ici la route à parcourir, il faut reconnaître que la survenance du nouveau moyen de circulation n'a point changé le caractère de cet acte important de la vie sociale, et qu'il reste soumis au même principe de droit public.

Peut-être alléguera-t-on qu'autrefois il en était comme aujourd'hui pour ce qui touche le transport des personnes et des marchandises, les entreprises de messageries faisant le même office que font, sous le régime actuel, les entreprises de chemins de fer.

Je répondrai que l'analogie pèche par un point essentiel et que la comparaison n'est pas admissible.

Les accidents qui peuvent résulter d'une circulation sur route de terre ou sur chemin de fer, sont dans des conditions d'accomplissement toutes différentes. Supposez la route de terre bien entretenue par l'État, certes, les risques procédant du véhicule qui parcourt cette route sont, par là, singulièrement restreints et amoindris. Sur chemin de fer, au contraire, évidemment les risques procèdent, par partie au moins égale, et de l'état de la voie et de l'emploi du locomoteur. La chance, pour le public voyageant, n'y est pas moins inquiétante d'un côté que de l'autre. Donc, sur le chemin de fer, le voyageur doit souhaiter d'être sauvegardé des deux parts d'une manière identique et qui lui apporte même sécurité. Or, cette sauvegarde, il la voit beaucoup plus volontiers dans l'action gouvernementale que dans l'action privée.

Soutiendra-t-on que le service de la locomotion par les agents d'une Compagnie offre plus de garantie d'activité utile que le même service par les agents de l'État? C'est le contraire, assurément, qu'il faut croire. Outre que la règle sous l'autorité de laquelle agissent les employés de l'État est plus fortement établie, par cela même que le pouvoir y procède de plus haut, l'État n'a pas les mêmes motifs que les Compagnies pour adopter des mesures, des systèmes d'organisation du personnel qui nuisent à son action. Au premier rang de ces causes d'altération du bon service, est, je le répète à dessein, l'économie poussée à l'excès ou dans le nombre des servants ou dans la fixation de leur salaire. L'économie, sans doute, est quelque chose pour l'État, mais son principe est bien plus dominateur encore dans les Compagnies. Pour elles, la grande affaire, c'est le taux du dividende, du dividende, qui est le meilleur régulateur de la plus-value des actions, laquelle est, à son tour, un élément précieux de satisfaction d'amour-propre administratif, puisque, dans ce temps de royauté absolue de l'argent, c'est à sa valeur que se mesure celle des aptitudes morales ou intellectuelles, et qu'entre toutes les Compagnies, celle-là est réputée le plus honorablement et le plus habilement administrée dont les actions font, à la Bourse, la plus forte prime. Or, pour que le dividende s'agrandisse, il faut que la somme des frais se fasse aussi petite que possible, et, de là, une exiguité forcée dans le taux des traitements, surtout à l'égard de la classe la plus nombreuse des employés, car c'est par cela principalement que la mesure économique peut être efficace : par malheur, il se trouve que cette classe est précisément celle du service actif, c'est-à-dire celle dont l'intervention influe le plus sur la sécurité des convois. La raison dit que, pour avoir dans un tel service des agents zélés, intelligents et dévoués, il faut les payer ce qu'ils valent et les attacher par un sort convenable ; autrement, ou ils sont au-dessous de leur emploi, ou ils y restent peu, et, dans l'un ou l'autre cas, c'est le service qui en souffre. On le voit donc, ici, fatalement, l'intérêt de l'actionnaire et celui du voyageur se trouvent en complet antagonisme, et toujours au détriment de celui-ci.

Pourtant, c'est, après tout, objectera-t-on, un intérêt très légitime que celui de l'actionnaire, puisque c'est à lui surtout que la ligne doit son existence : c'est un devoir pour les Compagnies de faire sa situation la meilleure possible, et l'espèce de pression morale qu'exercent sur leurs conseils d'administration les exigences de la masse des intéressés justifie parfaitement ces tendances économiques ; cela est vrai, cela est juste, mais ce qui ne l'est pas moins, c'est le grave inconvénient qu'elles peuvent avoir. Ce qui est à peu près certain aussi, c'est que cet inconvénient disparaîtrait moyennant la substitution de l'État aux compagnies, et c'est tout ce que j'ai voulu dire.

Quant au moyen de donner satisfaction, en ce cas, aux intérêts d'argent engagés dans ces entreprises, il est complexe, mais il est facile : ou bien, MAINTENIR LE SERVICE DES INTÉRÊTS ET DIVIDENDES TEL QUE LE FONT LES COMPAGNIES ; ou bien, ce qui vaudrait mieux encore, CONSOLIDER LES ACTIONS ET OBLIGATIONS EN RENTES SUR L'ÉTAT, EN OPÉRANT CETTE CONSOLIDATION AU COURS MOYEN DE CES VALEURS PENDANT L'ANNÉE QUI AURA PRÉCÉDÉ. Voilà, ce nous semble, deux voies à prendre qui mèneraient l'une ou l'autre droit au but. La dernière, surtout, nous paraît la plus convenable à tous les points de vue, et l'actionnaire le plus exigeant ne demanderait probablement pas davantage. Regretterait-il les expectatives de plus-value des actions ? Peut-être que oui ; mais, d'autre part, ne serait-il pas défendu, par là, contre la moins-value qui eût pu survenir plus tard ? Et puis, en quoi donc cette sorte de loterie, où le sort n'est pas toujours l'arbitre, et que trop souvent une cause occulte moins égale pour tous, par conséquent moins légitime, fait tourner au profit des plus habiles ou des plus puissants, mériterait-elle que le pouvoir la ménageât si fort ? Je ne veux pas être injuste envers la spéculation sur les valeurs de Bourse : Je sais que, renfermée dans des limites de modération et de vérité, elle n'a rien que de licite : je sais aussi que le crédit public lui-même en a besoin et qu'elle est l'un de ses éléments avoués. Est-ce bon ? est-ce mauvais ? Qui peut dire ? Ce qu'on peut affirmer, du moins, c'est que c'est un fait acquis et accepté. Ce n'est donc pas cette spéculation-là que je soutiens sans droit à la faveur du pouvoir ; c'est celle qui est l'excès et l'abus de l'autre : c'est cet agiotage effréné, cette fièvre ardente de jeu sur les actions que la survenance des chemins de fer a surexcitée par la création de ces valeurs, en quantités si énormes qu'elles ont dû se répandre universellement et arriver aux mains les plus infimes, pures jusque-là de tous ces trafics aventureux. Certes, ce n'est pas par là que brille et que se recommande l'établissement des chemins de fer : c'est au contraire son plus mauvais côté : si quelque chose est à regretter dans l'immense mouvement qui les a enfantés parmi nous, c'est, sans nul doute, cette forme sous laquelle a dû se colliger et se produire le capital nécessaire à leur établissement, car elle a, dans de certaines limites, apporté un triste contingent aux ardeurs cupides, aux tendances démoralisatrices de l'époque, et elle a favorisé plus qu'on ne croit le développement de ces dispositions, devenues si générales, vers l'amour des gros profits acquis sans le travail qui les légitime et qui, seul, peut les rendre honorables, parce qu'alors ils deviennent pour tous une excitation et un encouragement à travailler. Les richesses paresseusement acquises, sont, sous ce rapport, un scandale public et un ferment de corruption, quand même elles ne le deviendraient pas par l'usage mauvais qu'en font trop communément les poursuivants de la prime, ces équivoques pionniers de la spéculation, ces chercheurs d'or sur le pavé de la Bourse, qui ne savent pas racheter la bâtardise de leur fortune improvisée en l'employant à faire le bien : hier mendiants, millionnaires aujourd'hui, demain peut-être ruinés de nouveau par le luxe et par leurs désordres.

En vérité, je ne peux rien voir dans tout cela qui soit de nature à inspirer au pouvoir de grands scrupules à l'égard de ce qui viendrait rétrécir la sphère dans laquelle se meut la spéculation de Bourse, et j'admets sans difficulté qu'il reste parfaitement libre de donner les mains, nonobstant, à l'absorption par l'État des valeurs de chemins de fer. Il est bien vrai que, comme le phénix, le jeu renaîtrait de ses cendres et que, ne pouvant plus agioter sur les actions, on agioterait sur les rentes données en remplacement ; mais d'abord, ce jeu aurait moins d'attrait peut-être, parce que les oscillations sur les valeurs d'État sont habituellement et moins fortes et moins faciles à produire par des causes factices que celles que l'habileté des faiseurs peut obtenir actuellement sur les valeurs des chemins de fer : et puis, en tous cas, le bien qu'on aurait recherché à l'aide de cette mesure gouvernementale serait du moins réalisé.

Ou je me trompe fort ou je suis autorisé à conclure de tout ce qui vient d'être dit ci-dessus, qu'on peut, sans scrupule aucun, admettre pleinement le droit de l'État à appréhender la direction immédiate des chemins de fer tout aussi bien que leur propriété, si jamais une marche excentrique des Compagnies exploitantes venait à lasser justement sa patience.

VII. L'État peut-il être un bon exploiteur des Chemins de fer?

Mais voici une objection dont je dois tenir grand compte, car elle procède d'un esprit éminent, l'honorable administrateur dont j'ai déjà parlé.

« Je doute que l'État puisse être un bon exploiteur des chemins de » fer; car cette industrie sue le négoce par tous ses pores et l'État n'est » pas fait, de sa nature, pour être négociant. Je préfère donc le sys- » tème des exploitations par l'industrie privée, mais sous la condition, » absolue toutefois, d'un contrôle et d'une surveillance sévère par l'au- » torité publique; car si ce contrôle et cette surveillance ne devaient » pas être bien sérieux, si c'était une question plutôt de forme que de » fond, alors l'exploitation par l'État aurait évidemment ma pré- » férence. »

Il y a, je ne me le dissimule ni ne le conteste, il y a, sous bien des rapports, antinomie palpable entre la règle que s'impose habituellement le négoce et celle que doit suivre l'administration publique: lui, positif, étroit, parcimonieux par nature, presque par devoir, spéculateur au jour le jour, n'engageant l'avenir qu'au profit du présent, n'estimant les choses qu'au point de vue du lucre et peu épris du zèle, peu disposé à le payer argent comptant toutes les fois que le prix de ce zèle ne lui rentre pas par caisse, au quintuple ou au décuple, en un mot, faisant de tout une question monétaire et n'attachant de réelle importance qu'aux choses qui peuvent, en fin d'année, figurer à la balance active: l'administration, au contraire, devant tout voir largement et de haut, ne spéculer que sur le profit moral à retirer d'une bonne et fidèle gestion des affaires publiques: savoir tout estimer, tout payer à sa légitime valeur: créer le zèle utile en l'encourageant, l'honorer en le récompensant: veiller, sans doute, avec assiduité aux intérêts matériels et les administrer avec scrupule, mais toujours dans la limite des idées nobles et dignes, toujours en respectant, pour se faire respecter elle-même, les intérêts moraux de tous, tout autant que les intérêts positifs de chacun.

Il est certain qu'en envisageant les choses d'une manière absolue, sous ces deux points de vue si disparates, et à considérer ainsi le négociant tel qu'il est, l'homme public tel qu'il doit être, il peut paraître difficile d'associer l'idée de l'État administrateur avec l'idée de l'État négociant : mais, de même que les administrations actuelles de chemins de fer ont su, en général, rendons-leur ici cette justice, dépouiller l'homme du négoce proprement dit pour se mettre à la hauteur d'une œuvre plus libérale, de même, apparemment, les hommes de l'administration publique sauraient bien descendre quelque peu des régions intellectuelles plus élevées où ils pensent, jugent et agissent comme fonctionnaires officiels, pour s'identifier avec les besoins de la direction industrielle des lignes ferrées.

D'ailleurs, qu'on ne l'oublie pas, la direction d'une Compagnie de chemins de fer n'implique pas l'absolue nécessité d'entrer à fond et pratiquement dans tous les détails dont se compose un commerce ou une industrie purs et simples. Les objets s'y traitent de plus haut, et, pour tout ce qui est de ces détails, les traités et marchés à l'entreprise avec des hommes spéciaux, tels que fournisseurs, constructeurs, etc., sauvent à la direction la nécessité de s'absorber dans ces soins, qu'on peut dire infimes eu égard à l'importance du travail capital qu'implique la conduite régulière d'un service de cette nature. Il n'est donc pas indispensable que l'administrateur soit rompu aux détails, et ce qu'il trouve de lumières spéciales dans les ingénieurs et conseils divers de la Compagnie, lui suffit pour baser ses appréciations sur un grand nombre de ces points particuliers de son labeur administratif. Ce qui n'est pas douteux, c'est que, même parmi les hommes les plus réputés habiles d'un conseil d'administration, il en est bon nombre qui seraient fort neufs sur une grande partie de ces matières d'ordre inférieur. Il vaudrait mieux sans doute qu'il en fût autrement; mais on n'a jamais pensé que, de ce que cela était, il en résultât un préjudice bien réel pour l'utilité de la marche administrative.

J'ajoute que, sous un rapport fort essentiel, l'administration publique l'emporte, à mon avis, sur toutes les administrations privées : c'est pour ce qui concerne l'ordre comptable, cette base première de toute entreprise qui veut rester pure et prospère. Un ordre parfait de cette nature a été établi dans la très majeure partie des grandes administrations de l'Etat (les exceptions sont rares), autant que faire s'est pu, d'après les errements de la comptabilité du ministère des Finances (1), qui, par sa perfection, fait type presqu'européen, chaque État s'étant empressé de se modeler sur elle. Or, c'est là précisément la partie faible du commerce, et la quantité est immense des maisons où la tenue des écritures est essentiellement vicieuse et incorrecte : aussi, bon nombre d'entre ces comptabilités anormales ne tarde pas à tomber dans un désordre complet. Combien de ruines dues en grande partie à cette cause ? Que de chutes imprévues qui n'ont pas eu d'autre origine ? Je suis loin de prétendre que les Compagnies de chemins de fer ne se soient pas fait sous ce rapport des règles de conduite plus rassurantes que ne jugent à propos de s'en faire tant d'établissements privés, commerciaux et autres ; mais je dis que les errements de l'administration publique ne sauraient qu'être d'un excellent effet, appliqués à ces dernières comptabilités en tout ce qui est compatible avec la nature commerciale de leurs opérations.

Au demeurant, voir, ici, l'État négociant, ne serait pas un spectacle nouveau pour nos yeux, un cas unique et sans précédents : l'État a plus d'une régie financière qui est une véritable exploitation commerciale, sous plus d'un rapport, et la direction des tabacs, des sels, des poudres et salpêtres, etc., donnent, par leurs bons résultats, la mesure de ce que peut l'administration publique en fait de grand négoce.

On ne doit donc pas craindre, suivant moi, de voir l'État intervenir, à ce titre de praticien, dans le maniement direct des affaires commerciales du pays, et les intérêts de cette nature seraient, je le pense, tout aussi bien entre ses mains que beaucoup d'autres dont il reste le souverain arbitre.

Mais si l'ordre et l'intérêt matériel n'y pourraient rien perdre, que n'y pourraient pas gagner les intérêts moraux du commerce et de la spéculation ? Quelle heureuse impulsion le pouvoir ne serait-il pas ainsi à portée de donner, et quel immense service ne rendrait-il pas sous ce rapport à la moralité publique, en opposant la muette, mais éloquente leçon du bon exemple au spectacle affligeant et presque nauséabond que donne trop souvent la pratique journalière de l'industrie privée ? Oui, le pouvoir, comprenant cette noble mission et s'appliquant à restituer, à restaurer la morale des affaires, à n'y tolérer, quant

(1) Voir la note B, en appendice, à la fin du volume.

à lui, aucune de ces licences destructives de toute pureté d'esprit et de cœur qui s'y sont glissées peu à peu et qui en ont dénaturé, sali le caractère : oui, en se posant hautement comme l'observateur fidèle des bonnes traditions commerciales, comme l'ami de la droiture dans la convention, de l'exactitude rigoureuse dans l'exécution, comme l'adversaire décidé de toute manœuvre déloyale, le Pouvoir qui donnerait un tel exemple, serait manifestement l'un des plus beaux spectacles qui pussent être offerts à la contemplation, à la vénération publiques !

Je ne me flatte pas d'avoir résolu le problème de l'intervention de l'État dans le maniement des affaires commerciales de la direction des chemins de fer. Pourtant, il me semble que l'objection à laquelle je réponds s'est affaiblie, tout au moins de ce que donnent à un argument l'autorité des précédents et le rapprochement des analogues.

Mais la difficulté restât-elle très grave encore, il y a, comme on l'a vu, un terrain commun sur lequel je puis espérer de me rencontrer avec mon contradicteur. Il tombe d'accord que, dans le cas où l'action de contrôle et de surveillance de l'autorité ministérielle ne pourrait être assez large et assez énergique pour être complètement utile, force serait bien d'en revenir à l'action directe, à l'administration par l'État lui-même. Or, cette possibilité d'un contrôle efficace est précisément le point sur lequel ses convictions sont bien ébranlées par l'idée de la situation d'indépendance que la Fusion a faite aux Compagnies nouvelles. Donc, s'il s'était révélé une telle impossibilité de domination utile sur les Compagnies, et que le gouvernement eût été amené par là au parti extrême de la dépossession de celles-ci, logiquement il faudrait accepter la direction commerciale de l'État avec tout ce qu'elle pourrait elle-même avoir d'inconvénients.

Il y aurait bien, il est vrai, comme moyen terme, la ressource d'un bail d'exploitation à une compagnie fermière ; mais où serait la garantie que les choses marcheraient mieux sous ce régime ? Pour obvier aux abus du précédent, il faudrait tellement circonscrire dans des prescriptions rigoureuses l'administration nouvelle, donner dans un si grand luxe de prévisions réglementaires et de prescriptions répressives, que non-seulement il en pourrait résulter des conflits journaliers, mais encore que de là naîtraient à tout moment des complications essentiellement regrettables dans un service qui demande surtout de la spontanéité, par cela même qu'il y faut une célérité incomparable. Ainsi, l'on aurait à peu près tous les embarras de l'administration directe, et l'on n'en aurait pas l'avantage.

Je me crois autorisé à conclure de là, qu'il n'y aurait jamais rien de praticable, au cas susdit, sans l'action directe de l'État.

VIII.
Le régime américain est-il applicable à la France?

Autre objection à laquelle je ne dois pas moins d'attention qu'à la précédente, vu l'honorabilité de son auteur ; celle-là est radicale, car elle va jusqu'à dénier au Pouvoir le droit même de s'immiscer dans la direction de quelque industrie que ce soit, et tend à nationaliser en France, sous ce rapport, le régime américain.

Je ne crois pas devoir entrer, ici, dans la discussion théorique, parce qu'il faudrait aborder pour cela des questions délicates qui sortiraient du cadre de cet écrit. Je prends seulement l'objection comme un fait accepté, et j'argumente d'après ce fait.

On voudrait voir l'industrie livrée chez nous à elle-même, comme elle l'est en Amérique. Mon Dieu! je le voudrais bien aussi, parce que cela tendrait à prouver qu'elle en est susceptible et qu'elle peut supporter ce régime d'absolue liberté. Mais, ainsi que je le pense en toute sincérité je le dis en toute franchise en dépit de plus d'un anathème, l'industrie, chez nous, est loin d'en être là, et, suivant moi du moins, à voir ce qui se passe on serait parfaitement fondé à dire que c'est presque tout le contraire qui est vrai. Si l'on tient compte, en effet, de tous les désordres réels de son organisation, ou plutôt de sa désorganisation présente, des exagérations de la production, des fraudes de la fabrication, des folies de la concurrence, des scandales de l'exploitation, il faut reconnaître que l'industrie use de la liberté de manière à faire bien mal juger des mérites de ce régime. A examiner mûrement les choses, on pourrait croire qu'il n'est pas fait pour elle, qu'elle est destinée par sa nature à rester éternellement mineure, et que pour la maintenir dans les voies régulières elle a besoin d'une tutelle permanente, libérale sans doute, mais sévère néanmoins, qui, par une réglementation sage et forte, par une surveillance infatigable, maintienne sans cesse l'équilibre, pour ce qui la touche, entre l'action de l'intérêt privé et la conservation des mœurs publiques : autrement, malheur à celles-ci! Je ne veux pas faire revivre, ici, la vieille querelle entre la PRÉVENTION et la RÉPRESSION, mais je ne peux me dispenser de dire qu'en fait de moralité publique, c'est bien souvent une pauvre digue et une triste défense contre l'invasion du mal que les lois répressives et l'action des tribunaux : il y a tout à parier qu'au moment où la justice frappe un délinquant, le régime non préventif en a déjà fait des centaines qu'elle n'atteint pas, et tout l'effet que produit la répression, à l'égard de l'un d'eux, n'est guère que d'inspirer aux autres un peu plus de circonspection pour mieux déguiser leurs manquements à la loi.

Ainsi donc, à mon avis, la complète indépendance qu'on demande pour notre industrie n'est possible chez nous qu'à la charge de graves dangers pour l'ordre public.

Mais, après tout, est-ce donc que, même en Amérique, la marche de l'industrie est régulière et ordonnée à ce point qu'elle y ait pu, sans rien compromettre, jouir de cette liberté sans limites qui, là, est son régime normal ? Ce n'est pas, du moins, la grande industrie des transports par chemins de fer ou bateaux à vapeur, puisqu'il nous faut enregistrer avec une si désolante périodicité cette triste série d'accidents désastreux qui font annuellement, sur tous les railways ou fleuves du Nouveau-Monde, des victimes par milliers. Pour l'Amérique, que j'aime, pour ses défenseurs que j'honore, je regrette d'avoir à le dire, mais un régime dont les effets sont tels, une libre direction qui tient si peu compte des choses d'ordre public et d'humanité, qui met imperturbablement la population voyageuse en coupe réglée, au profit de je ne sais quelle frénésie de rapidité qui, évidemment, n'a pas sa raison d'être dans une idée acceptable, rien de cela, dis-je, ne saurait avoir mes sympathies. Arriver vite peut avoir, parfois, son utilité ; mais cette utilité vaut-elle, je le demande, la chance à peu près certaine d'arriver estropié, ou même d'être laissé en route sur le carreau ? Il n'y a vraiment que l'Américain pour faire, en connaissance de cause, un marché semblable. Laissons-lui ses aventureuses excentricités : c'est l'un de ces fruits du terroir qu'il ne faut pas acclimater chez nous, où, du reste, celui-ci trouverait peu d'amateurs. Toutefois, et par prudence, on fera bien, je crois, de mettre à l'écart le régime qui permet cette marche affolée des convois ou des stamboats d'outre-mer, et la sage réglementation qui, chez nous, y met obstacle, me semble très préférable à l'indépendance qui prête, là-bas, à de si regrettables désordres.

Je ne puis dire si, dans la marche des industries d'autre nature, le système d'abstention par l'État de toute intervention quelconque, produit, au Nouveau-Monde, des résultats meilleurs. Il faut bien que ce système ait ses avantages, puisque d'aussi excellents esprits, des hommes aussi éminemment honorables que l'auteur de l'objection que j'examine le portent et le préconisent; mais il suffit à ma thèse d'en avoir, je crois, écarté l'application à notre service des chemins de fer, par la considération des abus qu'il pourrait entraîner chez nous, comme il le fait journellement chez les Américains.

Du reste, je persiste à penser que, même sous un régime républicain, la haute surveillance, et, parfois, la direction des voies et moyens de circulation, ne sauraient être, sans danger pour l'ordre, livrées à l'arbitraire de l'industrie privée et que l'intervention de l'autorité publique est d'essence à cet égard. Donc, que cette main-mise du Pouvoir soit, en Amérique, le fait du gouvernement central ou celui des gouvernements locaux, je maintiens qu'elle y serait beaucoup plus conforme au principe et au bon ordre que l'abandon qu'ils paraissent en faire au profit de la libre action des particuliers.

Ici, j'ai à déplorer que les faits me donnent si cruellement raison. Voici, pour la centième fois peut-être, qu'une épouvantable catastrophe (1) vient de prouver à quel point est mauvaise et regrettable l'indépendance absolue laissée aux Compagnies américaines. La presse de ce pays elle-même fait en quelque sorte cause commune avec moi, en tonnant contre la Compagnie du chemin de fer de Candon et Amboy qui, en résistant depuis longtemps à la voix de l'opinion publique réclamant à grands cris une seconde voie sur cette ligne, a été, de l'avis unanime, la cause première de cet affreux événement, qui a fait près de cent victimes, parmi lesquelles notre honorable compatriote, M. Durand de Saint-André, consul français à Philadelphie. « La richesse connue de cette Compagnie, dit le *Courrier des États-Unis* du 31 août 1855, le monopole dont elle jouit, *enlèvent tout prétexte à cette économie sordide* QUI SACRIFIE LA SURETÉ DES VOYAGEURS A LA PASSION DU DOLLAR. » Malheureusement, ce dernier trait lancé contre la Compagnie de Candon et Amboy retombe sur le pays tout entier, où l'amour de l'argent est tel, que presque toujours le sentiment d'humanité lui est sacrifié en toutes choses. Que l'Amérique y prenne garde! qu'elle secoue, si tant est qu'elle le puisse encore, ce ferment de cor-

(1) Accident arrivé à Burlington, sur le chemin de fer de Philadelphie, le 29 août 1855, qui a causé la mort de 22 voyageurs et en a blessé grièvement environ 70.

ruption attaché à ses flancs; qu'elle épure ses mœurs publiques en sauvant sa jeunesse nationale de cette lèpre qui menace de la ronger jusqu'au cœur dans ce qu'elle a de plus noble et de plus digne, pour ne lui plus laisser que les impuretés sociales des peuples vieillis et dégénérés, sinon elle finira par fournir contre elle à ses adversaires des armes bien dangereuses, car ils lui pourront objecter avec raison qu'elle travaille à se rendre indigne de cette liberté sans limites dont elle est si fière : ils lui diront, et ils seront dans le vrai, qu'entendu comme élément privilégié de l'autorité gouvernementale, le principe démocratique, pour porter de bons fruits, doit impérieusement avoir pour base première le fait quasi-universel de la vertu publique, et que si, loin de là, il existe dans la nation des tendances vicieuses, ce principe devient alors (l'histoire est là pour en faire preuve), une infaillible, une inévitable cause de désordre et de mort pour la société.

Au demeurant, et en dehors de ce vice national, déjà trop développé en Amérique pour l'honneur de ce pays, il est incontestable que si les pouvoirs publics eussent eu le droit de surveiller la marche et les actes de la Compagnie et de lui imposer l'obligation de placer une seconde voie sur sa ligne, le malheur eût été évité ; mais, dira-t-on, la justice est saisie, les tribunaux vont prononcer sur la répression ! Admirable remède au mal, en vérité ! belle compensation pour la douleur des familles des morts, pour les souffrances des pauvres blessés ! Et quand il serait vrai que la puissance de la Compagnie ne finirait pas par avoir raison de la vindicte publique, quand de fortes amendes seraient prononcées, cela pourrait-il, en rien, équivaloir à l'emploi du salutaire moyen préventif à l'aide duquel l'accident eût été rendu impossible ?

Cette sorte de mépris anti-social et anti-chrétien de la vie des hommes dont fait preuve trop souvent l'Américain du Nord, n'est pas, apparemment, ce qu'on voudrait nous voir imiter de lui ; l'importation serait malheureuse entre toutes. Pourtant, à considérer et la fréquence des sinistres qui se multiplient si malheureusement depuis quelques mois sur la plupart de nos lignes, et la froideur au moins apparente avec laquelle est accueillie, par plus d'un, la nouvelle de ces désastres, on pourrait y voir une sorte de propension, chez nous, à cet indifférentisme sauvage d'outre-mer. Pour l'honneur des directions de nos chemins de fer, adjurons les Compagnies d'éviter par tous les efforts possibles, de prêter le flanc à un reproche de cette nature. On n'est que trop porté à croire que, dans ces directions, toutes choses se matérialisent, et que le voyageur lui-même n'y est guères considéré que comme objet de trafic, demandant à peine plus de soins et d'égards qu'un ballot de marchandise de poids ou d'encombrement : elles se doivent donc à elles-mêmes, plus que jamais, de redoubler de prudence ; car, en dehors de la question d'humanité, leur propre intérêt y est essentiellement engagé, le public ne manquant pas de les considérer comme moralement solidaires des accidents qui surviennent. On se dit, en effet, que maintenant que la physique et la mécanique spéciales, sans avoir encore, assurément, atteint leur dernier terme (1), ont néanmoins reçu de la science et de l'expérimentation prolongée une sanction si rassurante ; que le système des freins et signaux s'est enrichi de tant de nouveaux moyens d'action aussi efficaces qu'ingénieux ; qu'enfin, quinze années passées de pleine pratique ont si bien mûri dans toutes ses parties

(1) Sans nier ces progrès, je crois que nous sommes bien loin encore du *nec plus ultrà* de la science, en fait de chemins de fer. Elle a beaucoup à faire de plus que ce que nous avons comme mécanisme d'appareils locomoteurs, et, peut-être, pourrait-on trouver, à ce sujet, que, parfois, le zèle de perfectionnement se ralentit d'une manière fâcheuse, soit que l'esprit d'invention ait des intermittences, soit qu'il rencontre quelque chose de trop objectif dans les administrations auxquelles il s'adresse. Avoir à changer ce qui est, même pour qu'il soit mieux, est chose très souvent difficile à obtenir ou de la routine ou de l'intérêt.

Mais, sans nous arrêter aux objets de détail, ne nous reste-t-il pas comme un monde tout nouveau à découvrir dans l'application de l'électricité à la production d'une force motrice assez régulière et assez économique pour remplacer avec avantage la force de la vapeur? Le problème, pour être grave, n'est pas insoluble, et peut-être cette grande révolution est-elle plus prochaine qu'on ne le croit. Si je dois m'en rapporter à des indices qui ont pour eux de grandes apparences de raison et de vérité, ce serait là, déjà, presqu'un fait acquis par l'invention toute récente d'un procédé, merveilleux d'effet utile et de simplicité, dû à de très honorables industriels de Belgique. Ce qui me paraît tout-à-fait certain, en ce cas, c'est qu'en combinant la propriété que possède essentiellement la force électrique de se modérer et s'arrêter à volonté par un moyen d'action aussi prompt que la pensée, avec la faculté propre à l'*électro-aimant* de créer l'arrêt instantané du mouvement d'impulsion du locomoteur, ainsi que tendent à l'établir les expériences du savant professeur Nicklès, et dont j'ai déjà parlé ailleurs (*ouvrage ci-dessus cité*), l'on arriverait à faire disparaître la plus périlleuse des chances d'accidents, à savoir les chocs et collisions de wagons et convois. On pourrait même espérer d'éviter jusqu'à un certain point les déraillements, pourvu qu'ils n'arrivassent pas d'une manière complètement inopinée. On comprend sans peine l'importance énorme de semblables résultats. J'ajoute que suivant l'assertion des inventeurs, l'emploi de la force électrique aurait sur l'emploi de la force de la vapeur l'avantage d'une économie de plus de 50 pour 100 dans les frais. Comme c'est là, jusqu'ici, le plus épineux du problème de l'application de la force électrique à la locomotion, il faudrait, le fait de l'invention étant constaté, y voir un immense service rendu à l'industrie des Chemins de fer.

l'œuvre de la traction, la direction d'un chemin de fer n'a plus rien, pour ainsi dire, de cet inconnu qui la rendit si difficile et si périlleuse dans les premiers temps, et qui fut l'excuse toute naturelle des malheurs de la locomotion. Aussi, pour nombre de personnes qui n'ont pas eu à approfondir les questions que présente une semblable matière, si complexe et si neuve encore quoi qu'on en dise, « savoir faire » manœuvrer, par des agents suffisamment expérimentés, un matériel » établi suivant les règles de l'art, » c'est là tout le secret et par conséquent le programme au vrai d'une bonne direction de chemin de fer. Or, dit-on, si cela demande, à la vérité, beaucoup de soin, de discernement et de zèle dans les employés de tout ordre chargés de l'exécution, quelle est la Compagnie qui, le voulant fermement, ne trouvera pas de bons employés, lorsqu'elle saura les choisir et les traiter convenablement? Donc, si nonobstant toutes ces garanties que la nature même des choses semble donner au public, d'un service exempt de désordre et de dangers, néanmoins des sinistres arrivent, on se croit en droit d'en rejeter la cause sur la Compagnie, laquelle est, par le fait même, réputée avoir failli à l'une ou à l'autre des deux conditions de son programme.

Ce courant actuel de l'opinion est si réel, que j'ai entendu de très bons esprits, des hommes de grand sens, demander sérieusement pourquoi il ne serait pas appliqué à ces cas de défaillance des Compagnies, quelque disposition propre à y pourvoir, quelque chose d'à peu près semblable, par exemple, à ce qui se pratique à l'égard des directions de journaux, quand elles sont jugées avoir forfait à l'ordre public? C'est-à-dire que ces censeurs des Compagnies auraient voulu qu'après deux répressions judiciaires successives, considérées comme avertissement légal, la troisième répression entraînât, de droit, la mise en séquestre du chemin de fer, qui serait, alors, dirigé sous l'autorité immédiate du ministre des travaux publics, pendant un temps plus ou moins long.

Je n'ai garde, on le pense bien, d'appuyer, ici, cette mesure passablement draconienne; mais j'ai dû mentionner le fait comme traduisant les impressions du public sur le point en question, et comme pouvant indiquer que, peut-être, comme on dit, *« il y a là quelque chose à » faire. »*

Du reste, et pour ce qui est de mon sentiment personnel, j'en sais assez des complications et des difficultés sans nombre qui hérissent une direction de chemin de fer, pour que, loin de vouloir, quand un malheur arrive, appeler les sévérités de l'opinion sur l'homme spécial qui la représente et qui l'exerce, je me sente plutôt constamment disposé à lui faire voter des remerciements pour tous les malheurs qui n'arrivent pas; d'autant qu'à mon sens, non-seulement l'imprévu a encore une grande part dans la marche des chemins de fer, mais encore que bien des sinistres sont moins le fait du directeur que celui d'un pouvoir supérieur au sien, qui lui aura imposé un mauvais matériel, un personnel insuffisant, ou un règlement défectueux.

Dans la réalité, ce serait, en général, une criante injustice que celle qui ferait retomber la conséquence des sinistres sur un directeur ; car de tous ceux qui sont aujourd'hui placés à la tête de ces services, je ne crois pas qu'on en pût citer un seul dont le zèle et l'aptitude ne fussent exemplaires. J'en sais des plus distingués par le savoir, des plus éminents par le caractère moral, des plus remarquables par l'activité d'esprit, qui usent là, journellement, tout ce que la nature leur a départi de forces physiques ou intelligentes, et dont cet impitoyable labeur dévore rapidement l'existence; qu'au moins l'injustice du public ne vienne point ajouter à la pesanteur du fardeau, et que, loin de là, ces hommes de toute honorabilité, trouvent dans la gratitude de l'opinion la juste contre-valeur de leurs sacrifices !

Au demeurant, si le travail de la direction d'un chemin de fer était de cette nature accablante avant les Fusions, que doit-il être aujourd'hui, que, pour plus d'une d'entre les Compagnies fusionnées, ce travail a été pour le moins quadruplé ! Véritablement, il y a de ce côté aussi, dans le régime fusionnaire, quelque chose qui semble jurer avec la raison comme avec l'ordre normal, et il se pourrait bien, à mon avis, qu'un peu plus tard force fût d'en revenir à l'idée d'un directeur pour chacune des lignes d'un même réseau fusionné : mais alors, que deviendrait l'économie de frais du service central, qui a été l'une des causes déterminantes de la Fusion?

En terminant ici cette discussion sur l'appréhension, par l'État, de toutes les lignes ferrées, j'éprouve le besoin de bien constater de nouveau le sens dans lequel je l'ai ouverte et soutenue. Tout ce que j'ai dit à ce sujet ne l'a été, je le répète, qu'à titre de pure hypothèse, de contingence très vague, très improbable, sans nul doute, mais que, pourtant, il fallait bien examiner pour en apprécier la rationalité : ce n'est point une thèse de défiance et d'hostilité contre les grandes Compagnies : c'est une simple vue prévisionnelle sur un point de doctrine administrative, tout en dehors des faits et des personnes ? J'ai d'autant moins entendu engager, dans ce débat, aucune idée d'opposition actuelle, que, si je ne puis me dissimuler qu'il y a en effet dans certaines tendances des grandes Compagnies des choses regrettables, ma conviction profonde est que ces germes fâcheux seront promptement étouffés par le bon esprit dominant de leur direction. Là est tout le nœud de la difficulté, et les Compagnies sont manifestement, à mes yeux, les arbitres de leur sort. Qu'elles s'appliquent constamment à se renfermer avec soin dans la limite précise de leurs droits ; qu'elles se gardent des vertiges que donne la puissance ; qu'elles se défendent des erreurs graves qui en sont la suite et des fautes que ces erreurs font commettre ; qu'elles s'éloignent des excès vers lesquels nous poussent trop souvent une confiance aveugle en nous-mêmes ou un désir immodéré de richesse et d'influence. Par cette marche digne, prudente, réservée, où il ne leur sera pas difficile de se maintenir grâce aux chefs habiles qui les dirigent, elles éviteront tous les écueils semés sur leur route : elles préviendront tout conflit de nature à blesser le pouvoir dans le juste exercice de son droit de contrôle, de même qu'elles donneront satisfaction à tous les intérêts légitimes. Leur situation actuelle est admirable de force, de sécurité, et jusqu'ici rien de trop grave ne l'a compromise ; qu'elles persévèrent dans le soin de la garder intacte par la puissance vigilante du véritable esprit de conservation, qui est l'esprit d'ordre, de sagesse, d'équité constante, en tout comme pour tous, et elles verront l'opinion publique, souvent mobile, mais presque toujours juste, les adopter définitivement, les honorer et les soutenir.

IX. Idées sur l'exercice de l'industrie, en général.

J'ai à faire aussi une autre déclaration sur un point qui m'importe. De quelques passages mal interprétés de cet écrit, l'on pourrait se croire autorisé à conclure que l'industrie m'est peu sympathique : on se tromperait étrangement.

L'industrie, c'est le travail appliqué par l'intelligence à la satisfaction des besoins de la vie, et le travail n'est-il pas l'une des premières conditions, l'un des premiers devoirs de l'homme ? Elle a d'ailleurs, pour se relever à mes yeux, si elle en avait besoin, une raison d'un grand poids : c'est son côté poétique. Ceci peut sembler un paradoxe ; mais qu'on veuille bien y réfléchir un moment, et l'on sera, j'en suis sûr, de mon avis.

Assurément, à ne voir en elle que son mobile et son but vulgaires, l'amour du gain, ou bien que ses moyens d'action, d'ordinaire tout matériels, tout positifs, il n'y a rien là qui nous puisse sortir du terre à terre et des trivialités de la vie, rien qui puisse entraîner l'âme vers ces sphères élevées où elle s'épure soit par les délicates sensations du cœur soit par les sublimes aspirations de l'esprit, double source de la poésie véritable.

Mais lorsque l'on en vient à considérer les effets miraculeux qui ressortent si fréquemment de ces causes en apparence si humbles et si secondaires; quand on voit l'industrie, auxiliaire puissant de la science, s'élancer avec elle à la découverte des secrets de la nature, l'y précéder même quelquefois et percer seule, par le hasard de ses heureuses témérités, des mystères qui semblaient impénétrables ; quand on la voit, animant en quelque sorte la matière, maîtriser des éléments de destruction et de mort pour en faire des agents soumis de travail et d'utilité commune ; réunir, par la magie de ces véhicules qui dévorent le temps et l'espace, des lieux placés à d'incommensurables distances ; tracer, à travers les airs ou sous la profondeur des flots, la voie à la pensée, à la parole humaines, de manière à les verser, presqu'aussi vite qu'elles se produisent, dans des oreilles s'ouvrant à cinq cents, à mille lieues de là ; donner au génie de l'astronome les yeux factices à l'aide desquels il pénètre, au-delà de notre sphère visible, dans cette immensité des mondes célestes, dont l'ordonnance et l'infinité proclament si haut la sagesse et la toute-puissance de Dieu : quand on la voit, participant pour ainsi dire de la création, rendre par des travaux qui tiennent du prodige à l'alimentation de l'homme de vastes territoires qui semblaient condamnés par la nature à un éternel néant de production : quand, enfin, dans ce palais féerique tout resplendissant des gloires du travail universel, on a pu contempler les œuvres d'inouïe perfection qui montrent à quel point le génie moderne a reculé tous les horizons de la science pratique et qui laissent pressentir des merveilles futures plus étonnantes encore peut-être ; quand, dis-je, on considère toutes ces admirables choses, on se sent ravi en extase devant la cause d'impulsion à laquelle elles sont dues, on se prend à aimer l'industrie, à se passionner pour elle, comme on se passionne pour tout ce qui élève l'esprit, pour tout ce qui exalte les âmes, et c'est en cela qu'elle a incontestablement sa poésie propre (1).

Par ce qui précède on peut voir ce qu'est, à ce titre, pour moi l'industrie. Sous son rapport le plus positif et le plus usuel, je l'envisage comme l'une des fins nécessaires de l'état de société, c'est-à-dire comme chose digne de toute considération et de toute faveur d'opinion de la part de tous, et, ici, je ne renferme pas l'idée dans le cercle étroit de la fabrication de produits quelconques, je l'étends, au contraire, à tout exercice des facultés de l'intelligence qui concourt au mouvement général des affaires.

Mais il y a, par malheur, en l'industrie comme en tant d'autres éléments humains, la nature complexe, qui admet, sinon l'alliance, au moins la juxtà-position morale du bon et du mauvais principe, la concomitance du bien et du mal, et elle ne pouvait échapper à cette loi malheureuse, elle, surtout, dont le propre est de mettre en jeu leur levier le plus puissant, l'intérêt personnel : l'intérêt personnel qui, bien dirigé, conduit par le devoir et par l'amour du bien, devient la source féconde d'où découlent tous les bons résultats qui fondent ou entretiennent la prospérité générale en même temps que le bonheur individuel : l'intérêt personnel, qui, guidé seulement par l'égoïsme absolu, tend, au contraire, à tout centraliser en lui, à tout absorber à son profit exclusif, et auquel il importe peu, alors, que la chose publique, prise collectivement, ou que le prochain, individuellement, souffrent et languissent pourvu qu'il arrive à la complète satisfaction de ses appétits désordonnés.

Il y a donc, évidemment, sinon deux industries, au moins deux caractères bien tranchés en l'industrie, et je viens d'analyser l'un et l'autre, en décrivant les deux modes opposés sous lesquels se produit et se développe dans le monde l'action de l'intérêt personnel.

Ainsi l'industrie sera bonne ou mauvaise, honorable ou digne de mépris, suivant que l'industriel saura concilier, avec le soin de son intérêt personnel, et l'intérêt public et l'intérêt privé, ou suivant qu'il

(1) Voir la note D, hors texte, sur les déviations de l'industrie.

croira pouvoir sacrifier les deux derniers à celui qui lui est exclusivement propre; car, qu'on ne s'y trompe pas! la limite de l'honnête c'est le point où, mis en contact avec notre intérêt, l'intérêt légitime du prochain est blessé : faire son devoir d'homme de bien, c'est ne pas permettre à son propre bien-être d'entreprendre sur le bien-être d'autrui.

On comprend à merveille, dans une société bien ordonnée, où le travail est en honneur, où les arts sont cultivés avec amour, où l'agriculture est florissante, où le commerce prospère, où l'intelligence du grand nombre ayant besoin d'expansion s'applique avec ardeur à toutes les créations, à tous les façonnements les plus perfectionnés de la matière, on comprend, dis-je, dans ce monde-là, un mouvement accéléré dans lequel toutes les activités se croisent, se stimulent, s'animent mutuellement, rivalisant, à l'envi, soit pour la production du mieux, soit pour l'acquisition de moyens d'existence honorables. Un tel état de choses n'a rien que de conforme aux lois de l'activité humaine; il est, à ce titre, digne de la contemplation de l'esprit même le plus philosophique et le plus détaché des choses de la vie. Ce spectacle, je l'admire et j'y reconnais le signe dont l'homme a été marqué par Dieu sur cette terre où il fut jeté pour le travail. Mais si ce mouvement régulier devient une mêlée générale, sans ordre ni mesure, où se confondent toutes les notions du bien et du mal, une lutte sauvage et homicide où chacun, faisant assaut de ruse, n'aspire qu'à surprendre ou dépasser son concurrent pour s'enrichir de ses dépouilles, à le tuer moralement pour se mettre à sa place; dans ce mouvement désordonné, dans ce tumulte social, je ne puis plus voir rien de bon, rien de louable, rien de licite, et je gémis de ces excès qui déshonorent à mes yeux l'industrie.

« *Chacun pour soi*, dit-on, répète-t-on à satiété ; et, au surplus, *les affaires sont les affaires* ; » tristes paroles, génératrices, d'ordinaire, d'actes plus tristes encore : dictons qui, pour être populaires, n'en ont ni plus de justesse ni plus de bon sens : banales locutions qui s'affichent vaniteusement comme sentences de raison et de prudence, et qui ne sont que sentencieusement sottes !

« CHACUN POUR SOI ! » c'est, au fond, l'abjuration honteuse de la doctrine chrétienne aussi bien que du devoir social ; c'est une impudente déclaration de guerre à tous les sentiments généreux ; c'est l'alliance naturelle et sainte entre tous les membres de la famille et de l'État indignement violée ou rompue ! Si, en effet, dans le mouvement et le travail communs, vous n'agissez jamais que pour vous et qu'en vue de vous-même, évidemment votre prochain est, par cela même, autorisé à en faire autant, et il n'est pas possible que ces deux actions isolées ne deviennent pas bientôt, les intérêts se rencontrant, deux actions réciproquement contraires, engendrant forcément, avec une hostilité sourde ou déclarée, un état de choses où chacun perdra certainement, suivant les cas, bien plus qu'il ne l'eût pu faire en suivant la droite et pacifique voie d'une mutuelle assistance.

Et, d'ailleurs, quel droit aurez-vous à réclamer cette assistance, quand viendront les jours de l'adversité (toute vie humaine a les siens !), si, pendant vos jours heureux, vous l'avez déniée à votre frère ? CHACUN POUR SOI est donc une sottise, en même temps qu'une maxime odieuse et immorale.

Sans doute, aussi, vous avez dit plus d'une fois : « JE NE FAIS PAS » DE SENTIMENT EN AFFAIRES ! » ce qui veut dire, si souvent, qu'on se croit autorisé à y faire de la dureté, plus ou moins polie ou brutale, de la cupidité effrontée ou couverte, de la ruse ignoble ou déloyale : c'est une application pratique du « *Chacun pour soi*, » à laquelle vous ne pouvez guère échapper du moment que vous admettez le principe ; soit : faites-vous une âme à la hauteur de l'idée, donnez à votre cœur ce degré de callosité qui le rend désormais inaccessible aux douces et nobles inspirations de la pitié, de la générosité, de la charité chrétienne ; vienne cet endurcissement et vous vous croirez apparemment d'incontestables droits acquis à la possession sans conteste du renom d'*habile homme !*

« LES AFFAIRES SONT LES AFFAIRES ! » Qu'est-ce à dire ? Serait-ce donc qu'à votre sens, le monde des affaires serait un monde exceptionnel tout en dehors de l'autre, se gouvernant par des lois différentes et dans lequel il faudrait mettre de côté les principes de conduite qui sont, dans le premier, notre règle habituelle ? Serait-ce un champ-clos où les intérêts seraient appelés à se livrer, avec armes plus ou moins courtoises, un combat sans terme et sans merci, une mer inhospitalière, abandonnée à tous les écumeurs, à tous les aventuriers, et sur laquelle, avec ou sans lettres de marque, corsaires ou pirates n'auraient qu'à se courir sus mutuellement à l'envi les uns des autres et

sans souci quelconque de l'idée morale et du droit d'autrui?... Mais, alors, cessez donc de vous parer, désormais, de ce beau nom d'hommes policés dont vous êtes si fiers ; ne parlez plus de civilisation, de sociabilité, car vous les auriez par cela même reniées l'une et l'autre ; laissez, laissez là tous ces grands mots D'AVANCEMENT, de PROGRÈS DE L'ESPRIT HUMAIN, car ils seraient, dans votre bouche, mots hypocrites et menteurs... Votre société, à vous, ne serait plus que la société des brutes avec leurs instincts grossiers, ou celle des sauvages avec leurs tendances au larcin et à l'oppression réciproques : votre avancement, votre progrès ne seraient que le progrès dans le mal, que l'avancement vers la dégénération et l'abrutissement de l'espèce humaine !

Mais quoi, dira-t-on peut-être, me comprenant mal ou ne voulant pas me comprendre, vous voulez donc que tous marchent du même pas ! Vous n'admettez en tous que mêmes aptitudes ! Vous proscrivez l'activité plus grande, l'habileté supérieure, l'esprit plus développé des affaires. En aucune façon ! Je laisse les uns et les autres agir suivant leur nature ; je dis, en cela comme en toutes choses, à chacun suivant ses œuvres. Ainsi donc, que le surcroît d'activité soit récompensé par un surcroît de profit ; que l'habileté plus grande soit payée par une position plus haute dans les affaires et dans l'opinion : ce sera justice, et j'applaudirai de grand cœur. Non, ce n'est pas là ce que je blâme et ce que je réprouve : ce que je blâme, c'est cette activité fiévreuse et jalouse qui veut tout attirer à elle, tout absorber en elle : qui, tentative d'usurpation en permanence, aspire à faire de tout son domaine, et ne permet à personne de moissonner, de glaner même, à côté d'elle, dans le champ des affaires : ce que je blâme, c'est cette ardeur cupide du gain et de l'or, cette aspiration forcenée vers la richesse, qui, par sa préoccupation incessante, exclusive, ferme l'âme à tous les sentiments élevés, le cœur à tous les instincts généreux, et, trop souvent, finit par faire, même d'une noble nature, un être déchu, annihilé au moral comme au social, l'un de ces êtres, enfin, « que Dieu ne connaît plus. » Ce que je réprouve, c'est cette prétendue *habileté en affaires* qui n'est, si fréquemment, qu'un perfectionnement de l'astuce, que l'effet d'une volonté plus forte et plus constante d'abuser de la bonne foi d'autrui, que l'adresse plus grande à couvrir de coupables manœuvres. Le beau mérite que celui de réussir, quand on professe la maxime que tous

les moyens sont bons qui mènent au succès ! Et de ces opérations heureuses qui ont donné, de ceux qui les ont conçues et accomplies, une idée si haute, combien en est-il qui, plus ou moins, ne reposent pas sur la pratique de cette commode maxime? Combien d'industriels, réputés habiles parmi les habiles, pourraient soutenir à l'honneur de leur moralité l'investigation rigoureuse de la plupart des actes qui ont fait et leur fortune et leur réputation dans le monde des affaires? Vous faites grand bruit de ces triomphes, vous vous couronnez vous-même dans votre orgueil ou vous vous faites proclamer rois de l'industrie ! Triste royauté, qu'un jugement de police correctionnelle peut mettre inopinément en déchéance, et dont la liste civile est faite par emprunt forcé sur la bourse des plus crédules ! Mais, après tout, cette habileté, qu'a-t-elle donc de si merveilleux? l'aura qui voudra et quand il voudra ! Qu'il lui plaise avoir votre largeur de conscience, votre renoncement aux scrupules, votre application à ruser, et les occasions ne lui manqueront pas de marcher sur vos traces, même de faire bientôt pâlir votre étoile. Vous vous drapez dans votre gloire, et, des hauteurs dorées où vous êtes parvenus, vous ne regardez en bas de vous qu'avec dédain ceux-là qui, suivant avec fidélité une direction morale tout autre, n'ont, au bout de la carrière et pour prix d'un labeur consciencieux, trouvé, recueilli que la médiocrité. Mais, vis-à-vis d'eux, cette superbe est mal à sa place; ce dédain, ils vous le rendent bien, car ils ont, eux, acquis, de leur côté, une fortune qu'ils n'échangeraient pas contre la vôtre : la paix intérieure et leur propre estime !

Parmi ces hommes-là, l'industrie peut faire des victimes, elle n'y fait pas de coupables : ils peuvent succomber sous la fatalité des circonstances, sous le coup d'une concurrence déloyale, sous le malheur d'une confiance trompée ; mais du moins ils tombent avec honneur, et, bien souvent, ils se relèvent avec gloire, car l'estime publique ne déserte jamais leur cause ; pour rester muette parfois, elle n'en est pas moins vivace toujours, et, vienne le moment où son secours sera nécessaire, on la verra, juste, libérale et magnanime, donner la main à l'honnête homme tombé, pour le relever et le porter plus haut encore qu'il n'était d'abord parvenu.

Ce n'est pas à dire, et il est consolant de le penser, que tous ceux qui suivent, en industrie, la ligne du devoir, soient appelés à de pareilles

épreuves. Il en est plus d'un vis-à-vis duquel la fortune se réhabilite et se montre clairvoyante en les favorisant avec constance.

Ces hommes de la bonne industrie se reconnaissent sans peine à leurs actes journaliers. Voici les caractères principaux par lesquels ils se distinguent des hommes de la mauvaise industrie : attention constante à tempérer, par le bon sens et la prudence, l'ardeur à la spéculation ; soin scrupuleux de proportionner sans cesse leurs opérations aux ressources assurées de leur caisse ou de leur crédit ; horreur de l'agiotage, de l'usure et de la fraude sous toutes ses faces, sous tous ses déguisements ; ordre et méthode en toutes choses, mais surtout dans leurs écritures ; droiture invariable, ponctualité sans réserve ni intermittence ; culte fidèle de cette antique foi de la parole qui valait mieux jadis que tous les écrits de nos jours ; fermeté dans leur droit sans raideur contre le droit d'autrui ; abstention, envers tous, de ces formes rogues, hautaines et quasi-insolentes, que certains affectent, apparemment en vue de relever leur importance et qui ne font guères que faire ressortir plus crûment leur mauvaise éducation ; bienveillance, égards, justice envers l'ouvrier ; scrupule incessant à maintenir une équitable proportion entre son travail et son salaire ; sollicitude, compassion pour ses secrètes misères, et pratique sans réserve, à son égard, de ce noble, de ce touchant principe chrétien du patronage, qui, sans humilier le pauvre, élève le caractère du riche, qui, faisant de celui qui possède la providence de l'indigent, attache le faible au puissant par les liens de la reconnaissance, et qui devient, par cela même, la plus forte garantie de l'ordre, en même temps qu'il crée, pour celui qui lui est fidèle, l'une des plus douces et des plus désirables satisfactions du cœur !

Voilà l'homme de l'industrie véritable, de l'industrie élevée par sa nature à la dignité d'un devoir social ; voilà l'industriel comme je le comprends, comme je l'aime, et, j'ajoute avec bonheur, comme j'en connais plus d'un, comme enfin il y en a beaucoup plus qu'on ne pense. A eux tout honneur et tout hommage ; car en ramenant, pour ce qui les touche, à sa pureté native, cet élément si puissant de la prospérité publique, ils ont bien mérité de la société tout entière. Ils peuvent, en effet, par leur exemple, faire à la fois rougir et reculer la mauvaise industrie ; ils peuvent ramener dans les affaires cette pureté sans laquelle elles finissent par devenir une sentine où l'homme d'honneur et de bon sens répugne invinciblement à descendre, soit parce qu'elle soulève son dégoût, soit parce qu'il sait qu'il y sera inévitablement ou dupe, ou victime. Cette régénération, l'espoir en est permis, car tout excès appelle sa réaction : pas plus que les saturnales de la politique, les saturnales de la spéculation ne peuvent prétendre à un brevet de longévité ; leur règne n'a qu'un temps. Trop souvent les torches de celles-là tombent dans les tempêtes et s'éteignent dans le sang : Plus heureux, faisons que les scandales de celles-ci ne reculent que devant la sagesse du pouvoir, ne tombent que dans le vide fait devant eux par le bon sens national et par l'honnêteté publique.

Note A.

SUR LES MOYENS A PRENDRE POUR ARRIVER A UNE BONNE COMPOSITION DU PERSONNEL DU SERVICE ACTIF, EN VUE D'ÉVITER LES ACCIDENTS.

Dès l'année 1845, dans la prévision du besoin que les lignes alors projetées auraient un peu plus tard, d'un grand nombre d'employés à mettre, à la fois, sur des points nombreux et variés, j'avais pensé, avec beaucoup de personnes versées dans la matière, que le meilleur et le plus sûr moyen à prendre pour créer la future disposition de sujets capables et déjà faits à ce travail nouveau (condition importante pour éviter les accidents au début), c'était de former, à l'avance, ces sujets, à l'aide d'une *École pratique des Chemins de Fer*. Cette École devait être établie sur le lieu même où aurait abouti l'un des chemins partant de Paris, et les élèves de l'École y auraient fait journellement leurs études spéciales, non pas seulement par observation, mais encore et surtout par pratique réelle, comme entrant dans le cadre des employés de la traction. Là, évidemment, on eût formé, en bien peu de temps et avec une grande supériorité de moyens, des agents remplissant toutes les conditions, au technique comme au moral, et les lignes qui, un peu plus tard, auraient eu à ouvrir leur service, auraient trouvé, dès leur début, un personnel exercé qui eût été le gage d'une marche exempte, autant que possible, des accidents de la locomotion. Qui peut dire que cette mesure n'eût pas racheté bien des malheurs qui ont été la conséquence forcée du défaut d'expérience de la plupart des sujets que les Compagnies ont dû admettre dans la première formation de leur personnel?

Le projet en question, médité, mûri à l'aide des excellents et nombreux suffrages motivés qu'il reçut, fit l'objet d'un Mémoire par moi rédigé, que je crus devoir publier (en 1846) afin de saisir l'opinion de ces idées et d'en amener la réalisation. Malheureusement, les années néfastes 1847 et 1848 ne permirent pas que les honorables membres de divers Conseils d'administrations provisoires qui étaient disposés à donner les mains à cette fondation, allassent plus avant dans l'exécution, et les éléments qui avaient été réunis à ce sujet se trouvèrent dispersés par les circonstances.

Des divers appuis qui étaient acquis à ce projet, le plus chaleureux et en même temps le plus significatif était celui du digne major Poussin, dont tout le monde connaît, avec son caractère privé si éminemment honorable, le zèle sincère pour toutes les choses de bien public. Nos chemins de fer lui doivent beaucoup, car initié l'un des premiers au secret de ces voies nouvelles, par son long séjour en Amérique, il a, le premier aussi, importé en France le mode de construction économique usité dans ce pays, en corrigeant toutefois avec sagesse ce qu'il eût eu de trop aventureux pour la prudence européenne. L'excellent ouvrage publié par lui en 1836, est resté comme l'un des plus remarquables monuments de la science spéciale.

En reparlant ici, avec des regrets très vifs, de la non-réussite du projet de fondation de l'*École pratique des Chemins de fer*, je ne dois pas oublier le concours zélé que lui offrit le directeur de l'École des Arts Industriels, alors florissante, et, depuis, détruite par le contre-coup de la révolution de février. Ce directeur, M. Pinel de Grandchamp, homme de toute honorabilité et de haute intelligence, avait compris l'utilité de la fondation, et offrait de faire de son Institution, rue de Charonne, qui comptait alors environ cent élèves, le noyau de l'École pratique, les vastes dépendances de son établissement permettant de placer, là, la gare d'arrivée du chemin de fer en question.

Encore moins oublierai-je, assurément, de mentionner ici une autre approbation à laquelle j'attachais alors un grand prix comme intérêt de science et d'affaire, mais dont aujourd'hui le souvenir me laisse à la fois quelque chose de triste et de doux : ce fut l'approbation du grand Arago, duquel l'affectueuse bienveillance m'était acquise depuis dix ans, malgré la différence tranchée du sentiment politique, et dont la perte, déplorée par le monde entier, me fut personnellement si sensible. — L'illustre savant était alors l'un des membres du conseil de perfectionnement de l'École des Arts industriels, et avait vivement appuyé le projet de création de l'École pratique des Chemins de fer. Si, en effet, de graves objections contre le nouveau mode de viabilité s'étaient posées dans cette tête puissante et sagace, sans que la solution satisfaisante lui en parût toujours bien claire, néanmoins le courant qui y portait lui paraissant irrésistible, il était trop sage pour ne pas penser que, du moins, en acceptant ce qu'il y avait de bon dans ce nouveau régime de la locomotion publique, il fallait pourvoir, d'avance, à ce qu'il pouvait y avoir de périlleux à plus d'un titre. Le sinistre événement de Viroflay, en 1842, qui surtout, par une raison que comprendront tous les nobles cœurs, l'avait profondément impressionné plus que personne, n'avait pu que renforcer en lui l'idée de la prudence excessive qu'on devait mettre dans toutes les mesures relatives à la traction sur les chemins de fer, et sous ce rapport, l'idée d'une pépinière toujours active et vivante d'agents expérimentés pour les lignes à mettre successivement en circulation, lui avait singulièrement souri. Il était là, comme en tant d'autres choses, dans le vrai, dans le rationnel, et c'est, je le répète avec conviction, chose très fâcheuse que cette idée soit restée à l'état de projet.

Pour atténuer le mal autant que possible, j'ai proposé en 1854 (*dans l'ouvrage déjà cité*), quelque chose d'approchant, c'est-à-dire la création d'un SURNUMÉRARIAT sur les lignes établies et circulantes ; j'exposais sur ce point que cette mesure « doublant » dans le service, sans surcroît de frais, les employés sur lesquels repose la sécurité » du convoi, non-seulement créerait une garantie morale de plus de l'exactitude d'ac- » complissement de leur devoir, mais encore donnerait, *ipso factò*, autant de bons » employés, qui, après leur apprentissage complet, se trouveraient en disponibilité » comme titulaires, tant sur la même ligne que sur toute autre. »

Ici, encore, j'ai eu pour moi bien des approbations de haute valeur, mais j'ai eu contre moi ou la critique ou l'inertie administratives. On m'a objecté que « l'avance- » ment des employés sur les lignes établies n'ayant lieu qu'après mûr examen de la » capacité du sujet et son passage souvent assez prolongé dans le grade inférieur, les » directions avaient ainsi la garantie de son aptitude. » Soit ; mais, enfin, il faut toujours bien que l'employé commence par quelque chose, et qui vous garantit que le débutant dans un poste périlleux ne fera pas l'une de ces cruelles écoles qui coûtent si cher au public ? Et puis, vous vous préoccupez, là, de vous, de votre ligne, ce qui est fort bien, sans doute, mais des autres ? néant ! Or, franchement, l'égoïsme, pour être collectif, n'en est pas moins l'égoïsme, et je ne sais trop si l'un est plus noble que l'autre. Quant à moi, je pensais non-seulement au besoin d'un meilleur service sur la ligne même où serait établi le SURNUMÉRARIAT, mais encore, comme on l'a vu, aux exigences instantanées d'agents déjà tout formés résultantes de l'ouverture successive des lignes nouvelles. Quel est le point de vue le meilleur, ou du vôtre qui se concentre sur votre seul service, ou du mien, qui embrasse vous et les autres et répond à des nécessités plus vastes ? Je laisse le public décider la question, me bornant à faire valoir, et c'est mon droit, le triste argument du dernier sinistre de la rive gauche. N'est-il pas visible, en effet, que si l'aiguilleur qui a fait une méprise si fatale avait eu là, auprès de lui, son surnuméraire, celui-ci eût pu, à l'instant même, lui faire reconnaître et réparer son erreur ? Cent victimes de moins, cela valait bien, je crois, la peine de mettre, à l'avance, un employé de plus !

Note B.

SUR LE SYSTÈME COMPTABLE DES ADMINISTRATIONS PUBLIQUES.

L'ordre admirable établi dans les comptes et budgets des finances de l'État sous le ministère de M. de Corvetto, et surtout sous le ministère de M. de Villèle, avec le concours si habile de l'illustre marquis d'Audiffret, est un fait connu de tous. Il a naturellement réagi sur la comptabilité des autres grandes administrations publiques, et, si toutes ne sont pas parfaites au même degré, elles participent cependant, plus ou moins, de cette excellence de la comptabilité du Trésor.

Il en est à peu près de même pour les administrations secondaires.

Entre celles-ci, pourtant, une fait exception : c'est celle de l'ASSISTANCE PUBLIQUE, autrement dite des *Hôpitaux et Hospices de Paris*.

Des documents officiels qui ont passé sous mes yeux m'autorisent à dire qu'il existe dans cette comptabilité des vices capitaux, des défectuosités de fond et de principe qui ne sauraient trop attirer l'attention scrupuleuse de la haute administration qui dirige cet important service. Il semble que par une incompréhensible erreur de doctrine on ait considéré que, dans les matières de cette sorte, l'ordre et la méthode qui servent à présenter clairement et nettement les opérations consommées, sont un hors-d'œuvre, et que, parce qu'il s'agit là du patrimoine et de l'épargne du pauvre, on peut se dispenser de mettre et le public et lui au courant des actes de leur administration. N'est-ce pas là une capitale erreur ?

Le moyen le plus efficace de concourir au soulagement des pauvres, ce n'est pas toujours, ou du moins ce n'est pas seulement de multiplier les dons de la charité, c'est de savoir les appliquer avec justice et discernement, c'est de maintenir dans leur répartition l'ordre et la bonne entente qui les font arriver constamment aux vrais nécessiteux, qui les proportionnent aux besoins réels, et surtout qui ne permettent pas que rien en soit distrait pour un usage ou des convenances qui ne seraient pas, dans toute la rigueur de l'idée, consacrés à l'adoucissement du sort et des souffrances de l'indigent ou du malade.

Il est manifeste, en effet, que quels que soient les efforts de la charité, quelque admirables ressources qu'elle enfante, ses miracles seront en partie frappés de stérilité si la répartition des secours dont elle dote le malheur est vicieuse ou abusive.

Et il n'est pas moins évident que, cette répartition étant bien entendue en elle-même, si, à côté d'elle, vient se placer une méthode incomplète ou irrégulière de la constater, il en résulte qu'une partie des ressources échappe, dans un temps donné, à sa destination.

Évidemment donc, une bonne méthode comptable est, ici, plus nécessaire encore que partout ailleurs, car elle se rattache à des intérêts sacrés.

Or, je le répète, nulle part, au contraire, l'absence d'un bon mode comptable ne se fait plus remarquer que dans les comptes des Hôpitaux et Hospices civils de Paris. Il y a là de ces vices d'écritures, de ces lacunes, de ces erreurs matérielles allant jusqu'à des fautes d'arithmétique la plus élémentaire, qui sont vraiment tout-à-fait étranges, et qu'à peine on peut croire même quand on en a la preuve sous les yeux, surtout quand on considère que ces comptes-rendus ont dû passer à plus d'une vérification avant de se produire au grand jour.

Et pour qu'on ne m'accuse pas, ici, de médisance ou de calomnie, je citerai les termes textuels du rapport d'un examinateur délégué par l'autorité municipale, lequel, sur l'allégation de diverses erreurs relevées dans les comptes hospiciers : « *Re-*

» *connaît la gravité des faits allégués, la nécessité d'une enquête et l'utilité du con-*
» *trôle proposé.* »

Dans le nombre des erreurs en question il faut noter celle-ci :

« Au compte des Recettes et Dépenses de 1851 (Chap. XXIV, f° 114, *Enfants-*
» *trouvés*) :

» La toile fournie par la filature centrale est déclarée consister en 61,667 m. 90 c.,
» au prix déclaré de 85 centimes (1).

» Ce qui donne par l'opération arithmétique la plus simple à faire. . .	52,417	71
» Et pourtant l'opération faite par le comptable des hospices porte le » produit à	71,743	38
» C'est-à-dire à.	19,329	66

» *en plus que le produit réel, d'où résulte un forcement de dépense d'autant.* »

On avouera qu'il est bien permis de blâmer un ordre comptable où se remarquent de telles choses, et de souhaiter que l'autorité supérieure intervienne pour en prévenir le retour?

Que si l'on me demande à quel titre j'aborde un semblable sujet, je répondrai, d'abord que, par lui-même, il appartient à tous, et que de plus j'ai eu en quelque sorte le devoir d'intervenir dans ces questions ; que, d'ailleurs, ayant été membre de diverses commissions officielles de comptabilité, j'ai pu penser que j'avais, au point de vue de l'expérience acquise, quelque compétence peut-être dans ces matières, et qu'enfin, partout où l'on peut voir un bien quelconque à faire par des observations qui ont échappé à d'autres, il semble permis et méritoire de les présenter.

Au reste, je ne suis pas le seul, je ne suis même pas le premier à appeler l'attention publique sur ce point. Un livre excellent, publié il y a déjà quelques mois, en a fait l'objet de réflexions développées, pleines de sens et de haute raison. C'est le livre de M. le docteur Valroux, sur l'ASSISTANCE PUBLIQUE (*Guillaumin, éditeur*), œuvre tout-à-fait remarquable, d'ailleurs, et par la profonde érudition dont elle fait foi, et par le zèle ardent d'humanité dont elle est empreinte.

Cette question des Hospices de Paris est une question qui, déjà pleine d'intérêt par elle-même, s'agrandit pour ceux qui l'examinent sérieusement, de tout ce que donne d'étendue à cet intérêt la conviction où ils restent qu'avec un mode d'administration et de comptabilité mieux entendue, ou si l'on veut plus régulière, L'ASSISTANCE PUBLIQUE, DANS LA CAPITALE, POURRAIT SECOURIR UN GRAND TIERS DE PLUS EN MALADES OU INDIGENTS. La preuve en a été fournie au Pouvoir, et tout annonce que sa sollicitude pour le bien se préoccupe vivement des moyens de réaliser, à cet égard, une amélioration si désirable dans le régime des Hôpitaux et Hospices de Paris. A lui, pour ce résultat si désirable, toutes les bénédictions du pauvre!

Note C.

SUR LE SINISTRE DE BURLINGTON, EN AMÉRIQUE.

La déplorable catastrophe de Burlington a eu, en Amérique, un grand retentissement, et, cette fois, une émotion à peu près générale a fait place à l'espèce d'apathie

(1) Il ne peut y avoir erreur en moins sur ce chiffre de livraison, car il entre comme élément dans le compte de la toile fabriquée par la filature centrale.

D'une autre part, le produit erroné de 71,743 66 est un solde qui sert à former la balance du compte-rendu général des hospices pour l'année 1851.

Cette question de la comptabilité hospicière de Paris, est une de celles sur lesquelles je prépare une publication ultérieure.

avec laquelle, jusqu'ici, les événements de cette sorte avaient paru être envisagés dans ce pays, si étrange sous plus d'un rapport.

Une enquête ayant été instituée afin de préciser les causes du sinistre, voici quel a été, après une délibération de dix-sept heures, le verdict du jury, composé de dix-neuf membres :

« 1° *Le mécanicien du convoi qui marchait en arrière n'a pas observé la règle » qui lui prescrit de faire entendre le sifflet de la locomotive à l'approche d'un pas- » sage à niveau;*

» 2° *Le conducteur de ce même train est exempt de tout blâme,* ATTENDU QU'IL A SUIVI LES INSTRUCTIONS DE LA COMPAGNIE;

» 3° *Le garde-freins posté en tête du convoi, mérite d'être censuré;*

» 4° *Une des causes immédiates de la collision a été l'imprudence avec laquelle le » docteur Heineken a lancé ses chevaux sur la voie du chemin de fer.*

» 5° UNE AUTRE CAUSE IMMÉDIATE DE CETTE MÊME COLLISION A ÉTÉ L'IMPRUDENCE AVEC » LAQUELLE LE CONVOI MARCHAIT EN ARRIÈRE, A UNE VITESSE DANGEREUSE ET INOPPOR- » TUNE;

» 6° *Le jury déclare que,* D'APRÈS LES INSTRUCTIONS DE ROUTE ÉTABLIES PAR LA COM- » PAGNIE, LA POSSIBILITÉ DE COLLISIONS ENTRE DEUX TRAINS ALLANT EN SENS INVERSE SUR » LA MÊME VOIE EST TELLE, *qu'il en ressort la nécessité d'adopter quelque moyen plus » efficace pour empêcher le retour d'accidents semblables à celui qui a motivé cette » enquête.* EN CONSÉQUENCE, LE JURY PENSE QUE LA VIE ET LA SURETÉ DES PASSAGERS » SONT DE PLUS D'IMPORTANCE QUE L'ÉPARGNE DE QUELQUES MINUTES. »

On peut voir, par là, quelle énorme part a eu la Compagnie dans les causes du malheur.

On remarquera surtout ce blâme du jury (qui eût pu, au reste, être plus sévère), contre la coupable préférence donnée par la Compagnie aux moyens de précipiter la marche des convois sur ceux qu'elle aurait dû prendre pour sauvegarder leur sûreté.

Ici le jury a fait son devoir : la justice fera-t-elle le sien? Il faut le croire; mais, après tout, n'eût-il pas mieux valu, mille fois, que la Compagnie eût trouvé dans l'active surveillance que l'autorité supérieure aurait eu le droit d'exercer sur elle, un empêchement à ces entraînements déréglés de l'esprit de spéculation ; et le principe d'indépendance de direction qui lui a, au contraire, laissé une liberté d'action si fatale, n'est-il pas là, vraiment, un principe homicide? On me dira que la Constitution et la législation américaines ne permettaient pas qu'il en fût autrement. Tant pis, alors, pour la Constitution et la législation de l'Amérique !

Note D.

SUR LES DÉVIATIONS DE L'INDUSTRIE AU POINT DE VUE DU BON GOUT.

L'industrie n'a pas seulement des déviations morales, elle en a aussi et de fréquentes au point de vue du bon goût. Elle a comme les arts, comme les lettres, son école réaliste qui professe avec amour le culte du laid et qui semble placer exclusivement le génie dans l'imitation servile du difforme et du trivial : ennemie jurée de toute poésie qui poursuit l'idéal jusque sur le domaine du vrai en déniant à la nature cette perfection, cette suavité de formes qu'on trouve si souvent en elle, et en s'attachant avec une prédilection marquée à faire ressortir tout ce qu'elle offre parfois de plus défectueux. Cette triste école, qui semble s'efforcer ainsi de tout rabaisser, de tout ignobiliser, de désenchanter de toutes choses, fait par là, manifestement, un grand mal même en dehors de l'art, car elle tend ainsi à briser le ressort qui, à l'aspect du beau matériel, pousse intuitivement les âmes vers le beau moral. Mais, après tout, l'industrie considérée en elle-même n'en est pas plus responsable, pour ce qui la touche, que ne le sont la littérature et les arts des œuvres repoussantes de ces fantaisistes maniaques dont les productions monstrueuses affligent parfois nos regards.

Note E.

SUR L'USAGE DES MACHINES.

Autant que personne je suis en admiration devant les œuvres de la mécanique moderne, et je suis loin de contester le secours merveilleux qu'elles apportent au travail de l'homme. Je ne conteste pas davantage que, dans un temps donné, cette simplification ne puisse, ne doive arriver à des résultats de bien-être pour les classes nécessiteuses qu'elles relèveront d'un labeur trop pénible ; mais je me préoccupe et m'inquiète fort de la situation précaire, de l'état périlleux que crée, à leur égard, l'emploi des machines, en supprimant la main-d'œuvre humaine avant que se soit accomplie la *transformation* (puisque c'est le mot reçu), qui doit rendre aux ouvriers le moyen de subsistance qu'elle leur procurait.

Je ne veux donc pas la suppression des machines, d'abord parce que ce serait welche, ensuite parce que ce serait impossible ; mais pourquoi n'en réglementerait-on pas l'usage en vue de ménager les transitions et de ne pas ôter trop brusquement le travail manuel aux classes qui en ont besoin pour vivre ? Il y aurait à cela, ce me semble, à la fois prudence et humanité.

Au demeurant, et sauf ce grave intérêt à satisfaire, le travail mécanique doit, à la longue, avoir un grand avantage, c'est de diminuer considérablement le besoin de travailleurs dans l'industrie et de les rejeter dans l'agriculture, qui en a tant besoin. Non-seulement son travail importe davantage encore à la prospérité réelle du pays, au bien-être des masses, mais encore, infiniment moins nuisible à la santé de l'homme, il a de plus, sur l'autre, l'avantage d'une grande supériorité de tendances morales : les statistiques judiciaires sont là pour en donner la preuve sans réplique. A ce point de vue, l'on ne saurait trop encourager la production et l'emploi des machines.

FIN.

IMPRIMERIE DE L. TINTERLIN ET Cie, RUE NEUVE-DES-BONS-ENFANTS 3.

Note A.

SUR LES MOYENS A PRENDRE POUR ARRIVER A UNE BONNE COMPOSITION DU PERSONNEL DU SERVICE ACTIF, EN VUE D'ÉVITER LES ACCIDENTS.

Dès l'année 1845, dans la prévision du besoin que les lignes alors projetées auraient, un peu plus tard, d'un grand nombre d'employés à mettre, à la fois, sur des points nombreux et variés, j'avais pensé, avec beaucoup de personnes versées dans la matière, que le meilleur et le plus sûr moyen à prendre pour créer la future disposition de sujets capables et déjà faits à ce travail nouveau (condition importante pour éviter les accidents au début), c'était de former, à l'avance, ces sujets, à l'aide d'une *École pratique des Chemins de Fer*. Cette École devait être établie sur le lieu même où aurait abouti l'un des chemins partant de Paris, et les élèves de l'École y auraient fait journellement leurs études spéciales, non pas seulement par observation, mais encore et surtout par pratique réelle, comme entrant dans le cadre des employés de la traction. Là, évidemment, on eût formé, en bien peu de temps et avec une grande supériorité de moyens, des agents remplissant toutes les conditions, au technique comme au moral, et les lignes qui, un peu plus tard, auraient eu à ouvrir leur service, auraient trouvé, dès leur début, un personnel exercé qui eût été le gage d'une marche exempte, autant que possible, des accidents de la locomotion. Qui peut dire que cette mesure n'eût pas racheté bien des malheurs, conséquence forcée du défaut d'expérience de la plupart des sujets que les Compagnies ont dû admettre dans la première formation de leur personnel?

Le projet en question, médité, mûri à l'aide des excellents et nombreux suffrages motivés qu'il reçut, fit l'objet d'un Mémoire par moi rédigé, que je crus devoir publier (en 1846) afin de saisir l'opinion de ces idées et d'en amener la réalisation. Malheureusement, les années néfastes 1847 et 1848 ne permirent pas que les honorables membres de divers Conseils d'administration provisoires qui étaient disposés à donner les mains à cette fondation, allassent plus avant dans l'exécution, et les éléments qui avaient été réunis à ce sujet se trouvèrent dispersés par les circonstances.

Des divers appuis qui étaient acquis à ce projet, le plus chaleureux et en même temps le plus significatif était celui du digne MAJOR POUSSIN, dont tout le monde connaît, avec son caractère privé si éminemment honorable, le zèle sincère pour toutes les choses de bien public. Nos chemins de fer lui doivent beaucoup, car initié l'un des premiers au secret de ces voies nouvelles par son long séjour en Amérique, il a, le premier aussi, importé en France le mode de construction économique usité dans ce pays, en corrigeant toutefois avec sagesse ce qu'il eût eu de trop aventureux pour la prudence européenne. L'excellent ouvrage publié par lui en 1837, est resté comme l'un des plus remarquables monuments de la science spéciale.

En reparlant ici, avec des regrets très-vifs, de la non-réussite du projet de fondation de l'*École pratique des Chemins de Fer*, je ne dois pas oublier le concours zélé que lui offrit le directeur de l'ÉCOLE DES ARTS INDUSTRIELS, alors florissante, et, depuis, détruite par le contre-coup de la révolution de février. Ce directeur, M. Pinel de Grandchamp, homme de toute honorabilité et de haute intelligence, avait compris l'utilité de la fondation, et offrait de faire de son Institution, rue de Charonne, qui comptait alors environ cent élèves, le noyau de l'École pratique, les vastes dépendances de son établissement permettant de placer, là, la gare d'arrivée du chemin de fer en question.

Encore moins oublierais-je, assurément, de mentionner ici une autre approbation à laquelle j'attachai alors un grand prix comme intérêt de science et d'affaire, mais dont aujourd'hui le souvenir me laisse, à la fois, quelque chose de triste et de doux : ce fut l'approbation du grand ARAGO, duquel l'affectueuse bienveillance m'était acquise depuis dix ans, malgré la différence tranchée du sentiment politique, et dont la perte, déplorée par tout le monde entier, me fut personnellement si sensible. — L'illustre savant était alors l'un des membres du conseil de perfectionnement de l'Ecole des Arts industriels, et avait vivement appuyé le projet de création de l'Ecole pratique des Chemins de fer. Si, en effet, de graves objections contre le nouveau mode de viabilité s'étaient posées dans cette tête puissante et sagace, sans que la solution satisfaisante lui en parût toujours bien claire, néanmoins le courant qui y portait lui paraissant irrésistible, il était trop sage pour ne pas penser que, du moins en acceptant ce qu'il y avait de bon dans ce nouveau régime de la locomotion publique, il fallait pourvoir, d'avance, à ce qu'il pouvait avoir de périlleux à plus d'un titre. Le sinistre événement de Viroflay, en 1842, qui, surtout, par une raison que comprendront tous les nobles cœurs, l'avait profondément impressionné plus que personne, n'avait pu que renforcer en lui l'idée de la prudence excessive qu'on devait mettre dans toutes les mesures relatives à la traction sur les chemins de fer, et, sous ce rapport, l'idée d'une pépinière toujours active et vivante d'agents expérimentés pour les lignes à mettre successivement en circulation lui avait singulièrement souri. Il était là, comme en tant d'autres choses, dans le vrai, dans le rationnel, et c'est, je le répète avec conviction, chose très fâcheuse que cette idée soit restée à l'état de projet.

Pour atténuer le mal autant que possible, j'ai proposé en 1854 (*dans l'ouvrage déjà cité*), quelque chose d'approchant, c'est-à-dire la création d'un SURNUMÉRARIAT sur les lignes établies et circulantes ; j'exposais sur ce point que cette mesure « doublant » dans le service, sans surcroît de frais, les employés sur lesquels repose la sécurité » du convoi, non-seulement créerait une garantie morale de plus de l'exactitude » d'accomplissement de leur devoir, mais encore donnerait, *ipso factò*, autant de » bons employés, qui, après leur apprentissage complet, se trouveraient en disponibilité comme titulaires, tant sur la même ligne que sur toute autre. »

Ici, encore, j'ai eu pour moi bien des approbations de haute valeur, mais j'ai eu contre moi ou la critique ou l'inertie administratives. On m'a objecté que « l'avan» cement des employés sur les lignes établies n'ayant lieu qu'après mûr examen de » la capacité du sujet et son passage souvent assez prolongé dans le grade inférieur, » les directions avaient ainsi la garantie de son aptitude. » Soit ; mais enfin, il faut toujours bien que l'employé commence par quelque chose, et qui vous garantit que le débutant dans un poste périlleux ne fera pas l'une de ces cruelles écoles qui coûtent si cher au public ? Et puis, vous vous préoccupez, là, de vous, de votre ligne, ce qui est fort bien, sans doute, mais des autres ? néant ! Or, franchement, l'égoïsme, pour être collectif, n'en est pas moins l'égoïsme, et je ne sais trop si l'un est plus noble que l'autre. Quant à moi, je pensais non-seulement au besoin d'un meilleur service sur la ligne même où serait établi le SURNUMÉRARIAT, mais encore, comme on l'a vu, aux exigences instantanées d'agents déjà tout formés résultantes de l'ouverture successive des lignes nouvelles. Quel est le point de vue le meilleur, ou du vôtre qui se concentre sur votre seul service, ou du mien, qui embrasse vous et les autres et répond à des nécessités plus vastes ? Je laisse le public décider la question, me bornant à faire valoir, et c'est mon droit, le triste argument du dernier sinistre de la rive gauche. N'est-il pas visible, en effet, que si l'aiguilleur qui a fait une méprise si fatale avait eu là, auprès de lui, son surnuméraire, celui-ci eût pu, à l'instant même, lui faire connaître et réparer son erreur ? Cent victimes de moins, cela valait bien, je crois, la peine de mettre, à l'avance, un employé de plus !

Il faut bien, au surplus, que cette idée, et mieux encore celle d'une ECOLE PRATIQUE, ne soient pas autant à dédaigner que l'ont pensé MM. les administrateurs des grandes et petites Compagnies, pour que, maintenant qu'ils les considèrent comme enterrées sous ce dédain, elles se trouvent subitement exhumées par l'opinion, et pour que des hommes qui font autorité dans la presse économique s'en emparent, les travaillent et les développent avec autant de zèle que de talent, en vue de les faire adopter par la puissance publique. M. TH. DE BENAZÉ vient de publier, sur ce point, dans *le Siècle*, un article des plus remarquables par l'érudition spéciale comme par la chaleur de sentiment du bien public, et je crois que les adversaires de l'idée feraient bien de consulter cet article pour y puiser des errements plus exacts d'appréciation que ceux sur lesquels ils paraissent avoir fondé leur jugement? Je ne crois pas moins fermement que si la matière pouvait ainsi se trouver mise à l'ordre du jour des délibérations du pouvoir compétent, il n'en pourrait sortir que des résultats éminemment utiles au bien de la locomotion sur Chemins de fer. Il est temps, au reste, qu'on arrive par quelque grande mesure qui satisfasse les anxiétés du public, à pourvoir au découragement qui, par l'effet de ces grandes catastrophes arrivant coup sur coup sous ses yeux, se glisse jusque dans les esprits même les mieux disposés, naguère, en faveur des voies nouvelles de circulation.

Note, B.

SUR LE SYSTÈME COMPTABLE DES ADMINISTRATIONS PUBLIQUES.

L'ordre admirable établi dans les comptes et budgets des finances de l'Etat sous le ministère de M. de Corvetto, et surtout sous le ministère de M. de Villèle, avec le concours si habile de l'illustre marquis d'Audiffret, est un fait connu de tous. Il a naturellement réagi sur la comptabilité des autres grandes administrations publiques, et, si toutes ne sont pas parfaites au même degré, elles participent cependant plus ou moins de cette excellence de la comptabilité du Trésor.

Il en est à peu près de même pour les administrations secondaires.

Entre celles-ci, pourtant, une fait exception : c'est celle de l'ASSISTANCE PUBLIQUE, autrement dite des *Hôpitaux et Hospices de Paris.*

Des documents officiels qui ont passé sous mes yeux, m'autorisent à dire qu'il existe dans cette comptabilité des vices capitaux, des défectuosités de fond et de principe qui ne sauraient trop attirer l'attention scrupuleuse de la haute administration qui dirige cet important service. Il semble que, par une incompréhensible erreur de doctrine, on ait considéré que, dans les matières de cette sorte, l'ordre et la méthode qui servent à présenter clairement et nettement les opérations consommées, sont un hors-d'œuvre, et que, parce qu'il s'agit là du patrimoine et de l'épargne du pauvre, on peut se dispenser de mettre et le public et lui au courant des actes de leur administration. N'est-ce pas là une capitale erreur.

Le moyen le plus efficace de concourir au soulagement des pauvres, ce n'est pas toujours, ou du moins ce n'est pas seulement de multiplier les dons de la charité, c'est de savoir les appliquer avec justice et discernement, c'est de maintenir dans leur répartition l'ordre et la bonne entente qui les font arriver constamment aux vrais nécessiteux, qui les proportionnent aux besoins réels, et surtout qui ne permettent pas que rien en soit distrait pour un usage ou des convenances qui ne seraient pas, dans toute la rigueur de l'idée, consacrés à l'adoucissement du sort et des souffrances de l'indigent ou du malade.

Il est manifeste, en effet, que quels que soient les efforts de la charité, quelque admirables ressources qu'elle enfante, ses miracles seront en partie frappés de stérilité si la répartition des secours dont elle dote le malheur est vicieuse ou abusive.

Et il n'est pas moins évident que, cette répartition étant bien entendue en elle-même, si, à côté d'elle, vient se placer une méthode incomplète ou irrégulière de la constater, il en résulte qu'une partie des ressources échappe, dans un temps donné, à sa destination.

Évidemment donc, une bonne méthode comptable est, ici, plus nécessaire encore que partout ailleurs, car elle se rattache à des intérêts sacrés.

Or, je le répète, nulle part, au contraire, l'absence d'un bon mode comptable ne se fait plus remarquer que dans les comptes des Hôpitaux et Hospices civils de Paris. Il y a là de ces vices d'écritures, de ces lacunes, de ces erreurs matérielles allant jusqu'à des fautes d'arithmétique la plus élémentaire, qui sont vraiment tout-à-fait étranges, et qu'à peine on peut croire même quand on en a la preuve sous les yeux, surtout quand on considère que ces comptes-rendus ont dû passer à plus d'une vérification avant de se produire au grand jour.

Et pour qu'on ne m'accuse pas, ici, de médisance ou de calomnie, je citerai les termes textuels du rapport d'un examinateur délégué par l'autorité municipale, lequel, sur l'allégation de diverses erreurs relevées dans les comptes hospiciers, « *reconnaît la gravité des faits allégués, la nécessité d'une enquête et l'utilité du contrôle proposé.* »

Dans le nombre des erreurs en question il faut noter celle-ci :

Au compte des Recettes et dépenses de 1851 (Chap. XXIV, f° 114, *Enfants-trouvés*) :

» La toile fournie par la filature centrale est déclarée consister en 61,667 m. 90 c.,
» au prix déclaré de 85 centimes (1).

» Ce qui donne par l'opération arithmétique la plus simple à faire. . 52,417 71

» Et pourtant l'opération faite par le comptable des hospices porte le
» produit à. 71,743 38

» C'est-à-dire à. 19,325 67

» EN PLUS QUE LE PRODUIT RÉEL, D'OU RÉSULTE UN FORCEMENT DE DÉPENSE D'AUTANT. »

On avouera qu'il est bien permis de blâmer un ordre comptable où se remarquent de telles choses, et de souhaiter que l'autorité supérieure intervienne pour en prévenir le retour ?

Que si l'on me demande à quel titre j'aborde un semblable sujet, je répondrai, d'abord que, par lui-même, il appartient à tous, et que de plus j'ai eu en quelque sorte le devoir d'intervenir dans ces questions ; que, d'ailleurs, ayant été membre de diverses commissions officielles ou autres de comptabilité, j'ai pu penser que j'avais, au point de vue de l'expérience acquise, quelque compétence peut-être dans ces matières, et qu'enfin, partout où l'on peut voir un bien quelconque à faire par des observations qui ont échappé à d'autres, il semble permis et méritoire de les présenter.

Au reste, je ne suis pas le seul, je ne suis même pas le premier à appeler l'attention publique sur ce point. Un livre excellent, publié il y a déjà quelques mois, en a fait l'objet de réflexions développées, pleines de sens et de haute raison. C'est le livre de M. le docteur Valroux, sur l'ASSISTANCE PUBLIQUE (*Guillaumin, éditeur*), œuvre tout-à-fait remarquable d'ailleurs et par la profonde érudition dont elle fait foi et par le zèle ardent d'humanité dont elle est empreinte.

Cette question des Hospices de Paris est une question qui, déjà pleine d'intérêt par elle-même, s'agrandit pour ceux qui l'examinent sérieusement, de tout ce que donne d'étendue à cet intérêt la conviction où ils restent qu'avec un mode d'administration et de comptabilité mieux entendue, ou si l'on veut plus régulière, L'ASSISTANCE PUBLIQUE, DANS LA CAPITALE, POURRAIT SECOURIR UN GRAND TIERS DE PLUS EN MALADES OU INDIGENTS. La preuve en a été fournie au Pouvoir, et tout annonce que sa sollicitude pour le bien se préoccupe vivement des moyens de réaliser, à cet égard, une amélioration si désirable dans le régime des Hôpitaux et Hospices de Paris. A lui, pour ce résultat si désirable, toutes les bénédictions du pauvre !

Note C.

SUR LE SINISTRE DE BURLINGTON, EN AMÉRIQUE.

La déplorable catastrophe de Burlington a eu, en Amérique, un grand retentissement, et, cette fois, une émotion à peu près générale a fait place à l'espèce d'apathie avec laquelle, jusqu'ici, les événements de cette sorte avaient paru être envisagés dans ce pays, si étrange sous plus d'un rapport.

Une enquête ayant été instituée afin de préciser les causes du sinistre, voici quel a été, après une délibération de dix-sept heures, le verdict du jury, composé de dix-neuf membres :

« 1° *Le mécanicien du convoi qui marchait en arrière n'a pas observé la règle* » *qui lui prescrit de faire entendre le sifflet de la locomotive à l'approche d'un pas-* » *sage à niveau ;*

» 2° *Le conducteur de ce même train est exempt de tout blâme,* ATTENDU QU'IL A SUIVI LES INSTRUCTIONS DE LA COMPAGNIE ;

» 3° *Le garde-freins posté en tête du convoi, mérite d'être censuré ;*

» 4° *Une des causes immédiates de la collision a été l'imprudence avec laquelle le* » *docteur Heincken a lancé ses chevaux sur la voie du chemin de fer.*

(1) Il ne peut y avoir erreur en moins sur ce chiffre de livraison, car il entre comme élément dans le compte de la toile fabriquée par la filature centrale.

D'une autre part, le produit erroné de 71,743 38 est un solde qui sert à former la balance du compte-rendu général des hospices pour l'année 1851.

Cette question de la comptabilité hospicière de Paris, est une de celles sur lesquelles je prépare une publication ultérieure.

» 5° UNE AUTRE CAUSE IMMÉDIATE DE CETTE MÊME COLLISION A ÉTÉ L'IMPRUDENCE AVEC » LAQUELLE LE CONVOI MARCHAIT EN ARRIÈRE, A UNE VITESSE DANGEREUSE ET INOPPOR- » TUNE ;

» 6° *Le jury déclare que*, D'APRÈS LES INSTRUCTIONS DE ROUTE ÉTABLIES PAR LA COM- » PAGNIE, LA POSSIBILITÉ DE COLLISIONS ENTRE DEUX TRAINS ALLANT EN SENS INVERSE SUR » LA MÊME VOIE EST TELLE, *qu'il en ressort la nécessité d'adopter quelque moyen plus » efficace pour empêcher le retour d'accidents semblables à celui qui a motivé cette » enquête.* EN CONSÉQUENCE, LE JURY PENSE QUE LA VIE ET LA SURETÉ DES PASSAGERS » SONT DE PLUS D'IMPORTANCE QUE L'ÉPARGNE DE QUELQUES MINUTES. »

On peut voir, par là, quelle énorme part a eu la Compagnie dans les causes du malheur.

On remarquera surtout ce blâme du jury (qui eût pu, au reste, être plus sévère), contre la coupable préférence donnée par la Compagnie aux moyens de précipiter la marche des convois, sur ceux qu'elle aurait dû prendre pour sauvegarder leur sûreté.

Ici le jury a fait son devoir : la justice fera-t-elle le sien? Il faut le croire; mais, après tout, n'eût-il pas mieux valu, mille fois, que la Compagnie eût trouvé dans l'active surveillance que l'autorité supérieure aurait eu le droit d'exercer sur elle, un empêchement à ces entraînements déréglés de l'esprit de spéculation ; et le principe d'indépendance de direction qui lui a, au contraire, laissé une liberté d'action si fatale, n'est-il pas là, vraiment, un principe homicide? On me dira que la Constitution et la législation américaines ne permettaient pas qu'il en fût autrement. Tant pis, alors, pour la Constitution et la législation de l'Amérique!

Note D.

SUR LES DÉVIATIONS DE L'INDUSTRIE AU POINT DE VUE DU BON GOUT.

L'industrie n'a pas seulement des déviations morales, elle en a aussi et de fréquentes au point de vue du bon goût. Elle a comme les arts, comme les lettres, son école réaliste qui professe avec amour le culte du laid et qui semble placer exclusivement le génie dans l'imitation servile du difforme et du trivial : ennemie jurée de toute poésie qui poursuit l'idéal jusque sur le domaine du vrai en déniant à la nature cette perfection, cette suavité de formes qu'on trouve si souvent en elle, et en s'attachant avec une prédilection marquée à faire ressortir tout ce qu'elle offre parfois de plus défectueux. Cette triste école, qui semble s'efforcer ainsi de tout rabaisser, de tout ignobiliser, de désenchanter de toutes choses, fait par là, manifestement, un grand mal même en dehors de l'art, car elle tend ainsi à briser le ressort qui, à l'aspect du beau matériel, pousse intuitivement les âmes vers le beau moral. Mais, après tout, l'industrie considérée en elle-même n'en est pas plus responsable, pour ce qui la touche, que ne le sont la littérature et les arts, des œuvres repoussantes de ces fantaisistes maniaques dont les productions monstrueuses ou dégoûtantes affligent si souvent nos regards jusque sur presque toutes les voies publiques.

Note E.

SUR L'USAGE DES MACHINES.

Autant que personne je suis en admiration devant les œuvres de la mécanique moderne, et je suis loin de contester le secours merveilleux qu'elles apportent au travail de l'homme. Je ne conteste pas davantage que, dans un temps donné, cette simplification ne puisse, ne doive arriver à des résultats d'intérêt réel pour les classes nécessiteuses qu'elles relèveront d'un labeur trop pénible ; mais je me préoccupe et m'inquiète fort de la situation précaire, de l'état périlleux que crée, à leur égard, l'emploi des machines, en supprimant la main-d'œuvre humaine avant que se soit accomplie la *transformation* (puisque c'est le mot reçu : seulement tâchons de ne pas le rendre insignificatif ou ridicule à force de le prodiguer) qui doit rendre aux ouvriers le moyen de subsistance qu'elle leur procurait.

Je ne veux donc pas la suppression des machines, d'abord parce que ce serait welche, ensuite parce que ce serait impossible ; mais pourquoi n'en réglementerait-on pas l'usage en vue de ménager les transitions et de ne pas ôter trop brusquement le travail manuel à ceux qui en ont besoin pour vivre ? Il y aurait à cela, ce me semble, à la fois prudence et humanité.

Au demeurant, et sauf ce grave intérêt à satisfaire, le travail mécanique doit, à la longue, avoir un grand avantage, c'est de diminuer considérablement le besoin de travailleurs dans l'industrie et de les rejeter dans l'agriculture qui en a tant besoin, Non-seulement son travail importe davantage encore à la prospérité réelle du pays, au bien-être des masses, mais encore, infiniment moins nuisible à la santé de l'homme, il a de plus, sur l'autre, l'avantage d'une grande supériorité de tendances morales : les statistiques judiciaires sont là pour en donner la preuve sans réplique. A ce point de vue, l'on ne saurait trop encourager la production des machines, si l'on sait, je le répète, en combiner sagement l'usage avec les exigences de la vie journalière et du bien-être des classes laborieuses, double objet qu'il ne faut jamais perdre de vue.

POST-SCRIPTUM.

(28 Octobre 1855).

Au moment même où cet écrit était mis sous presse, un nouvel et déplorable événement (je ne dirai pas comme les rédactions uniformes de la Compagnie : « UN REGRETTABLE ACCIDENT ») arrivait sur la ligne de Lyon et faisait des victimes en grand nombre. La circonstance m'a paru trop grave pour ne pas motiver quelques réflexions, après coup, sur le redoublement de fréquence des événements de ce genre, depuis quelque temps.

Celui-ci a eu la même cause que la catastrophe toute récente arrivée sur la ligne de l'Ouest, et précédemment encore sur d'autres points, c'est-à-dire le choc d'un convoi de grande vitesse contre un convoi de marchandises. Et, dans des proportions beaucoup moins fortes mais toujours très affligeantes, une autre rencontre du même genre vient d'avoir lieu, le 24 de ce mois, dans le souterrain de la Nerthe, même ligne.

Pour que cette cause agisse si fatalement et avec tant d'insistance, il faut bien qu'il y ait dans la réglementation du service ou dans l'action des employés, quelque chose d'anormal dont on peut dire, assurément, sans trop de sévérité, que les administrations auraient dû se préoccuper plus tôt. Quel est cet inconnu? Je l'ignore. Il ne peut se dégager que par un examen approfondi. Seul, cet examen peut mener à la découverte du moyen efficace de parer au mal, en restant dans le système actuel d'organisation des voies sur chaque ligne.

Cependant, comme c'est là une question dont l'opinion publique a dû s'emparer avec un empressement trop légitime pour n'être pas compris de tous, il n'est pas étonnant qu'elle ait, dans sa juste impatience, anticipé sur le travail de recherche des Compagnies, trop souvent en retard, il faut le dire, sur ces sortes d'investigations.

L'honorable directeur du *Siècle*, M. Jourdan, a, dans une Note énergique, indiqué, comme moyen d'éviter le retour de ces désastreuses rencontres, la création d'une voie spéciale pour les convois de marchandises. Le remède serait héroïque, cela est incontestable; et peut-être, après tout, sera-t-on bien obligé d'y arriver, en dépit de la considérable dépense qu'il entraînerait. Cette dépense ne saurait être estimée à moins des deux cinquièmes en plus du prix total d'exécution du chemin de fer et de son matériel roulant, si l'on suppose qu'il serait établi (ce qui paraît indispensable, vu l'énormité du mouvement commercial) une double voie pour les convois de marchandises, comme elle existe ou devrait exister partout pour les convois de voyageurs.

Qui supporterait la conséquence de cet accroissement de charges de premier établissement? La Compagnie, ou la marchandise par la surélévation des tarifs? C'est un point que je n'ai garde de traiter, même d'effleurer; mais je suis à cet égard complètement de l'avis de l'honorable M. Jourdan, et je déclare qu'il m'apparaît, comme à lui, que la considération de la dépense n'est ici qu'une considération secondaire : celle qui doit tout dominer, c'est celle de la sécurité des voyageurs. En tout et toujours, sachons mettre l'intérêt moral au-dessus de l'intérêt matériel. Les questions d'argent après les questions d'humanité!

Si l'on n'adopte pas cette idée (et même en l'adoptant, car elle ne saurait être exécutée de suite), il faut nécessairement en venir à modérer bien davantage, d'une manière normale et réglementaire absolue, la rapidité de marche des convois, car ce sera là, manifestement, jusqu'à ce que soit découvert et appliqué un moyen sûr et efficace d'arrêt instantané du train, la cause la plus malheureusement féconde des collisions. Pour bien des gens raisonnables, cette rapidité, poussée aussi loin que souvent il arrive, c'est une vraie folie, et, de ce que quelques écervelés la trouvent à leur guise, ce n'est pas une raison pour l'imposer au plus grand nombre qui n'en veut pas.

PARIS. IMPRIMERIE DE L. TINTERLIN ET Cᵉ, RUE NEUVE-DES-BONS-ENFANTS, 3.

bon sens répugne invinciblement à descendre, soit parce qu'elle soulève son dégoût, soit parce qu'il sait qu'il y sera inévitablement ou dupe, ou victime. Cette régénération, l'espoir en est permis, car tout excès appelle sa réaction : pas plus que les saturnales de la politique, les saturnales de la spéculation ne peuvent prétendre à un brevet de longévité; leur règne n'a qu'un temps. Trop souvent les torches de celles-là tombent dans les tempêtes et s'éteignent dans le sang : Plus heureux, faisons que les scandales de celles-ci ne reculent que devant la sagesse du pouvoir, ne tombent que dans le vide fait devant eux par le bon sens national et par l'honnêteté publique.

www.ingramcontent.com/pod-product-compliance
Ingram Content Group UK Ltd.
Pitfield, Milton Keynes, MK11 3LW, UK
UKHW021220230726
13926UKWH00003B/1144

9 782014 067309